헤어 컬러 디자인
Hair Color Design

헤어 컬러 디자인

Hair Color Design

초판 인쇄 2019년 8월 20일
초판 발행 2019년 8월 26일
지은이 임대진
발행인 조규백
발행처 도서출판 구민사
주소 (07293) 서울특별시 영등포구 문래북로 116, 604호(문래동3가 46, 트리플렉스)
전화 (02)701-7421(~2)
팩스 (02)3273-9642
홈페이지 www.kuhminsa.co.kr
신고번호 제 2012-000055호(1980년 2월 4일)
ISBN 979-11-5813-700-7 (93590)
정가 26,000원

Haircolor Design

헤어 컬러 디자인

Hair Color Design

구민사

머리말

최근 모발 염색의 시술이 대중화되면서 다양한 색상의 모발 염색을 위하여 많은 노력을 기울이고 있다. 타인에게 각인되는 첫인상의 모습 중 모발의 색상이 많은 부분을 차지하면서 남녀노소를 막론하고 모발에 다양한 색상의 염색을 하는 것이 일상생활이 되었다.

염모제는 아름다움을 위하여 인체에 사용되는 물질인 만큼 해롭지 않고 모발과 두피의 손상을 일으키지 않도록 하여야 한다. 모발과 두피의 생리학 및 색상에 대한 이론을 정립하여 실무에서 필요한 체계적 이론과 실습을 통해 모발 염 · 탈색을 학습함으로써 헤어 컬러에 대한 자신감을 갖도록 하였다. 또한 본 교재는 헤어 컬러 디자인을 누구나 쉽게 접하고 익힐 수 있도록 대학의 15주차 교육에 맞추어 다음과 같이 집필하였다.

1. 기본적인 헤어 컬러의 이론을 숙지하고 헤어 컬러에 관련된 용어와 도구, 사용법을 학습하고 익힌다.
2. 염료의 분류와 특성을 이해하여 다양한 헤어 컬러링을 응용할 수 있도록 학습한다.
3. 응용도구를 활용한 헤어 컬러 디자인의 컬러링을 학습하여 익히도록 한다.
4. 헤어 컬러의 필요성과 염모제의 화학적 이론에 대하여 학습한다.

본 교재를 가지고 수업하는 학습자들에게 꼭 필요한 자료가 되길 바란다. 마지막으로 이 책의 출판을 위해 적극적으로 도움을 주신 도서출판 구민사 조규백 대표님과 직원 여러분들에게 감사드린다.

저자 임대진

content

1

Overview of Hair Color Design

헤어 컬러 디자인의 개요

1. 헤어 컬러 디자인의 개요

1) 헤어 컬러의 정의

모발 색을 밝게 변화시키는 탈색과는 달리 자연모발(Virgin hair), 염색모발(Coloring hair) 그리고 탈색 처리된 모발(Bleach hair)에 다양한 색상을 착색시키는 것으로 정의할 수 있다.

- **헤어 틴트(hair tint)** – 멜라닌색소를 분해해 탈색효과를 나타내는 헤어 블리치 시술 시 머리 염색제로 착색시키는 것
- **머리 염색(hair coloring)** – 모발을 염색하는 일. 헤어 틴트(hair tint)라고도 한다. 헤어 블리치(hair bleach)가 탈색에 의해 검은 머리털의 빛깔을 엷게 만드는 것이라면 헤어 틴트는 염색제를 써서 머리털의 빛깔을 다양하게 변화시키는 일이다.
- **헤어 다이(hair dye)** – 머리 염색제, 염모제(染毛劑). 백발 염색이나 부분 염색을 포함하여 자연의 머리 색을 다른 색으로 물들이는 것을 말하며, 천연 재료부터 인공 염료까지 여러 가지 염료가 이용된다.

2) 헤어 컬러의 목적

헤어 스타일은 사람의 외모에서 시각적으로 가장 눈에 쉽게 띄는 부분이며, 패션에 비해 적은 비용으로도 변화를 이끌어낼 수 있다는 장점을 가지고 있다.

헤어 스타일에는 커트, 염색, 파마 등이 있는데 이 중에서도 헤어 염색은 매우 중요하다.

염색이 중요한 이유

헤어 컬러는 사람의 얼굴과 가장 가까이에서 시선을 집중시켜 전체 이미지에 큰 영향을 주며, 볼륨감을 조절하거나 피부색을 보완함으로써 얼굴 이미지를 변화시킬 수 있기 때문이다.

① 블랙은 고집스럽고 보수적으로 보이기 때문에 점점 줄어드는 추세이고 요즘은 브라운, 오렌지, 와인, 레드, 골드뿐만 아니라 무채색의 화이트에서 그레이까지 다양한 헤어 컬러가 대중화되고 있다.

② 의상과 메이크업, 헤어 스타일과 함께 자신만의 이미지와 분위기를 연출하는 토털 패션의 중요한 요소가 되었다.

3) 헤어 컬러의 원리(알칼리 산화염모제의 원리)

① 염모제는 제 1제(염료, 알칼리제)와 제 2제(과산화수소수)로 구성된다.

② 제 1제로 조성된 염료는 다양한 색조를 나타내는 인공 색소가 들어 있으며, 알칼리제인 암모니아는 모발의 가장 바깥층인 큐티클을 팽창시켜 염료의 모발 침투를 쉽게 만들어 준다.

③ 제 1제와 제 2제를 혼합하여 모발에 도포하게 되면 우선적으로 알칼리제의 작용으로 큐티클이 팽창하고, 큐티클이 열린 사이로 제 1제와 제 2제의 혼합액이 침투하여 제 2제의 과산화수소수가 제 1제에 함유된 알칼리제에 의해서 해리되며 산소를 방출하게 된다. 방출된 산소는 큐티클에 있는 멜라닌색소를 산화시키는 역할을 하며, 산화 염료를 산화 중합 반응시켜 발색하여 모발 색상을 위한 바탕색을 만든다.

④ 발색된 산화 염료는 모발의 케라틴과 결합하여 불용성색소(산화염료의 고분자화)로 형질이 변환되고, 모발 깊숙이 자리 잡아 염모 효과를 지속적으로 나타내는데 샴푸 시 이 큰 염색분자는 큐티클 밖으로 빠져 나오지 못하게 된다.

2. 헤어 컬러의 준비 및 도구

염모제

전영구적염모제(알칼리산화염모제)
준영구적염모제(중성염모제)
반영구적염모제(산성염모제)
일시적염모제(컬러샴푸, 컬러린스 등)
식물성염모제(헤나)

염색볼

염모제 1제와 2제의 혼합 시 사용하거나, 1제형 염모제들을 덜어 쓰는 용도

염색브러시

염모제를 모발에 도포하고 빗질할 때 사용하는 용도

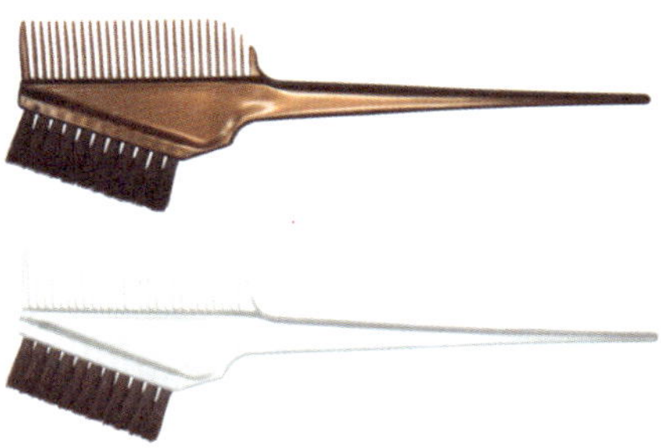

꼬리빗

모발의 블로킹, 섹션, 슬라이드, 위빙 등 헤어 컬러링의 다양한 테크닉 시술 시 사용한다.

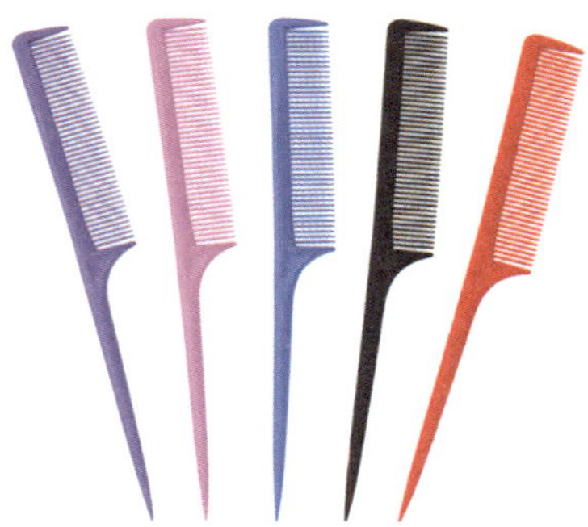

저울

염모제의 혼합 시 혹은 정확한 양을 계량할 때 사용한다.

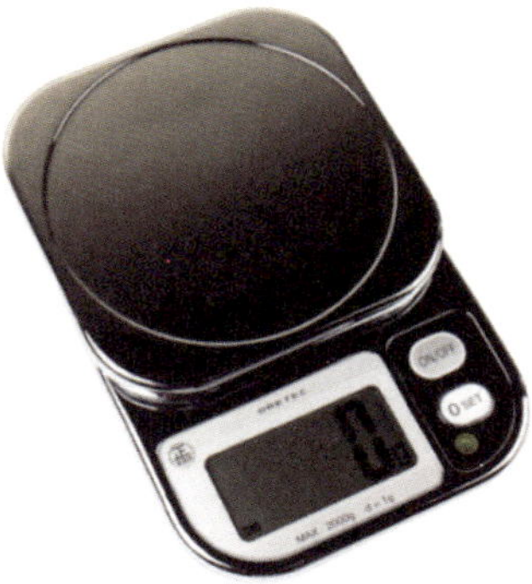

비닐장갑(고무장갑)

염모제의 오염물로부터 손을 보호하기 위해 사용한다.

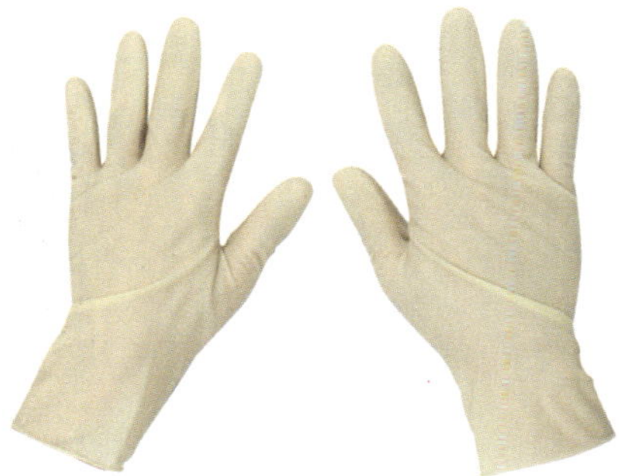

비닐페이퍼(알루미늄 호일)

모발 염색 시 다양한 테크닉에 사용한다.

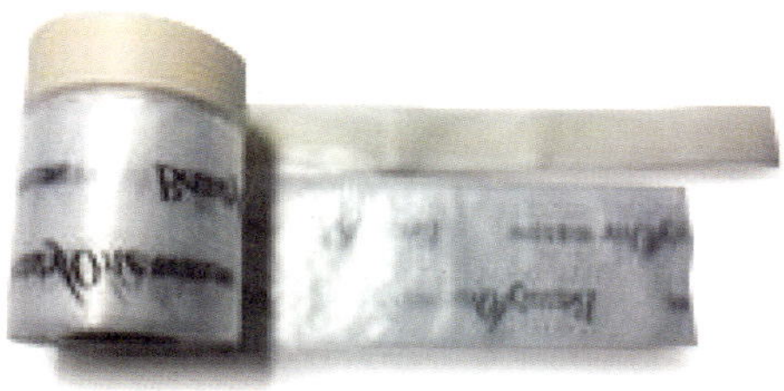

가온기

일정한 온도를 유지하여 헤어 컬러링을 보조하는 기구

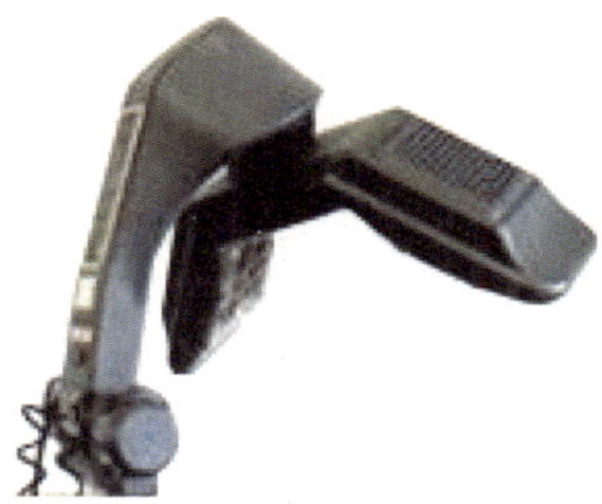

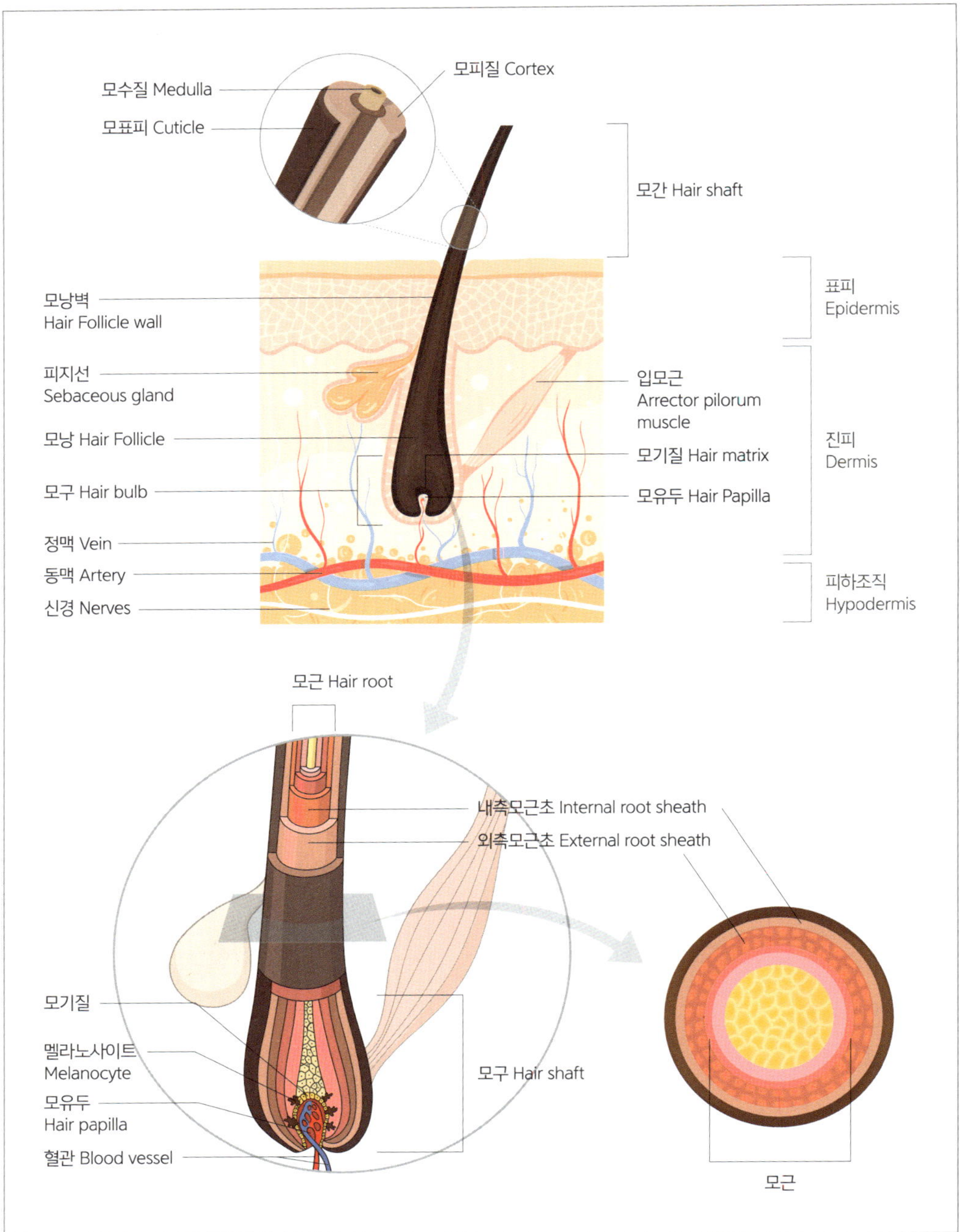
모수질 Medulla
모피질 Cortex
모표피 Cuticle
모간 Hair shaft
모낭벽
Hair Follicle wall
표피
Epidermis
피지선
Sebaceous gland
입모근
Arrector pilorum
muscle
모낭 Hair Follicle
모기질 Hair matrix
진피
Dermis
모구 Hair bulb
모유두 Hair Papilla
정맥 Vein
동맥 Artery
피하조직
Hypodermis
신경 Nerves
모근 Hair root
내측모근초 Internal root sheath
외측모근초 External root sheath
모기질
멜라노사이트
Melanocyte
모구 Hair shaft
모유두
Hair papilla
혈관 Blood vessel
모근

3. 모발의 구조

모발

18가지 아미노산(amino acid)으로 구성된 케라틴(keratin)이라고 불리는 경단백질(protein)

1) 모발의 정의

모발은 일반적으로 머리카락을 의미하며 피부와 같이 신체를 보호하는 기관이라고 말할 수 있다. 인체의 모발은 피부의 각질층이 변화해서 생긴 것으로, 주로 섬유성 단백질인 케라틴(keratin)으로 구성된 죽은 조직이며 주성분은 케라틴이라는 경단백질로 되어 있는 피부기관의 일종이다.

2) 모발과 모낭

① **모발** : 표피의 변형이며 모간부와 모근부로 나눌 수 있다.

② **모낭** : 모발을 감싸고 있는 부분이며 역시 피부의 변형이다.

3) 모간부와 모근부

모발은 손톱과 같이 피부 표면의 각질층이 변화하여 만들어진 것으로 피부 표면에 나와 있는 표피 부분 모간과 모발 속의 모근으로 나누어진다.

(1) 모간부의 구조

모간부란 각화 과정이 끝나 밖으로 나온 부분을 말한다.

① **모표피(hair cuticle)**

- 두발의 가장 바깥층
- 반투명의 비늘 모양
- 인종에 따라 겹수가 다름(평균 5~10겹)
- 황(S) 성분이 가장 많이 함유된 부분
- 최외표피(epicuticle), 외표피(exocuticle), 내표피(endocuticle)로 구성되어 있다.

■ 모간부의 구조

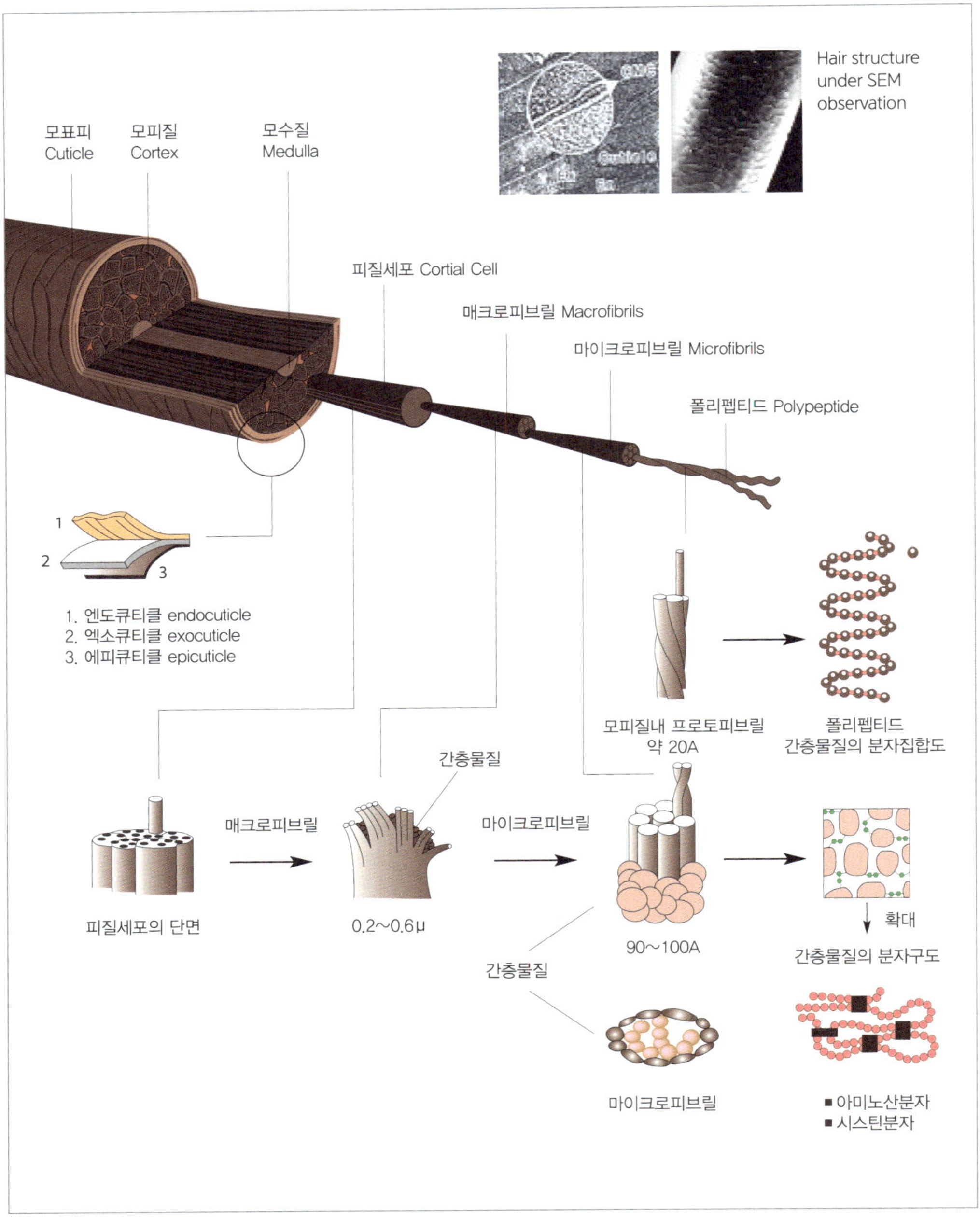
Hair structure
under SEM
observation
모표피
Cuticle
모피질
Cortex
모수질
Medulla
피질세포 Cortial Cell
매크로피브릴 Macrofibrils
마이크로피브릴 Microfibrils
폴리펩티드 Polypeptide
1
2
3
1. 엔도큐티클 endocuticle
2. 엑소큐티클 exocuticle
3. 에피큐티클 epicuticle
모피질내 프로토피브릴
약 20A
폴리펩티드
간층물질의 분자집합도
간층물질
피질세포의 단면
매크로피브릴
0.2~0.6μ
마이크로피브릴
90~100A
확대
간층물질의 분자구도
간층물질
마이크로피브릴
■ 아미노산분자
■ 시스틴분자

② **모피질(hair cortex)**

- 두발 중 가장 많은 부분(85~90%)을 차지
- 단백질 결합 구조
- 모발의 주요 특성 좌우
- 피질섬유와 간충물질, 핵의 잔사, 멜라닌으로 구성된다.
- 과립상의 황색으로부터 짙은 검정, 갈색의 멜라닌색소 입자를 함유한다.
- 피질세포 : 세포의 핵 중앙에는 핵의 잔사가 있고 거대섬유와 간충물질 등으로 구성

- 거대섬유(macro fibril) : 간충물질, 모발 손상의 최대 원인
- 간충물질(matrix) : 섬유 간 사이를 채우는 물질. 시멘트, 본드의 역할
- 미세섬유(micro fibril)
- 원섬유(proto fibril)

③ **모수질(hair medulla)**

- 모발 중심부에 존재
- 공동(空洞)으로 된 벌집 모양의 다각형 세포
- 모발의 굵기에 따라서 1개가 존재할 수도 있고 2개가 존재할 수도 있으며, 존재하지 않을 수도 있다.
- 빈 공간에 공기가 있어 보온효과가 있다.

(2) 모근부의 구조

① **모유두**

모구의 가장 아래쪽 중심에 위치하며 이곳에 모유두 모세혈관 그물이 있어 성장하는 모발에 영양을 공급한다. 이 혈관을 통해 모낭이 영양을 공급받아 모발의 성장이 유지되며 새로운 모발이 생성된다.

② **모기질**

모기질 사이에는 멜라닌형성세포가 있으며 모발의 색을 결정한다.

③ **입모근**

모낭의 결합조직 기저에 부착되어 있는 피부 진피의 작은 근육. 추위, 공포 등의 자극에 반응한 이 근육의 수축으로 털이 서고 소름이 돋게 된다.

④ **피지선**

포유동물의 피부에 있는 기름을 생성하는 작은 샘

⑤ **모구**

모발 뿌리 부분의 둥근 모양

⑥ **모모세포**

모모세포는 모유두를 덮고 있으면서 모유두로부터 영양을 공급받아 끊임없이 세포분열을 하면서 증식한다. 모모세포의 역할로 모발은 하루에 약 0.3mm씩 자란다.

⑦ **멜라노사이트(melanocyte)**

우리 몸의 자연적인 색소인 멜라닌을 생산하는 세포를 뜻한다.

⑧ **내모근초와 외모근초**

모근부 안쪽의 내모근초와 바깥쪽의 외모근초로 되어 있다. 내·외모근초는 모발의 생장과 함께 위로 밀려 올라간다. 내모근초는 헨레층, 헉슬리층, 초표피 총 3층으로 구성되며 모낭의 모양을 유지한다.

4. 모발의 결합과 특성

1) 모발의 구성성분

(1) 모간부의 성분과 구성원소

모발을 구성하는 기본 성분은 18종의 아미노산으로 구성된 80~90%의 케라틴과 10~20% 정도의 수분, 지질 1~8%, 멜라닌색소 1~3%, 미량원소이다. 구성원소는 탄소(50.65%), 산소(20.85%), 질소(17.14%), 규소(6.36%), 유황(5.0%)으로 구성되어 있다.

■ 모발의 기본 성분

케라틴	80~90%
수분	10~20%
지질	1~8%
멜라닌색소	1~3%
미량원소	

■ 모발의 구성원소

탄소	50.65%
산소	20.85%
질소	17.14%
규소	6.36%
유황	5.0%

(2) 단백질

모발의 주성분인 단백질은 시스틴을 14~18% 함유하고 있는 케라틴이라고 하는 물질이다. 케라틴은 인모, 양모, 손톱 등과 같이 단단한 경(硬) 케라틴과 피부처럼 부드러운 연(軟) 케라틴으로 구별된다. 모발과 손톱을 태우면 이상한 악취가 나는데, 이것은 시스틴이 분해되어 생긴 유황화합물의 냄새 때문이다.

■ 케라틴의 주성분

단단한 경(硬) 케라틴	인모, 양모, 손톱 등
부드러운 연(軟) 케라틴	피부

(3) 수분

젖은 건강모발의 수분 함유량은 다음과 같이 나타낼 수 있다.

■ **젖은 건강모발의 수분 함유량**

5~15%	친수기에서의 화학적인 결합	결합수
15~25%	모피질 내의 작은 구멍을 메운 상태	침투수
25~30%	모발에 흡착되어 있는 상태	흡착수

모발이 손상되어 다공성모가 되면 수분 흡수율이 높다. 또한 모발의 손상도가 크면, 수분의 보유력이 약화되어 수분량이 적어지기 때문에 수분량은 모발 손상도의 하나의 표준이 된다. 일반적으로 수분량이 10% 이하가 되면 건조모가 되는 것으로 알려져 있다.

ex

손상모일 경우 샴푸 후에 모발 속으로 수분이 많이 함유되어 머리를 말릴 때 잘 마르지 않는다.

보통의 상태(온도 25℃, 습도 65%)	10~15%
샴푸 직후	30~35%
드라이 건조	10%

모발을 구성하고 있는 수분은 유연함, 광택, 통풍, 잡아당길 때의 강도, 정전기량 등 모발의 기계적인 성질과 미용상의 특성으로 크게 영향을 받는다. 모발에는 수분을 흡수하는 성질이 있어서 보통의 상태인 온도25℃, 습도 65% 상태에서는 10~15%의 수분을 함유하고 있다. 샴푸 직후 30~35%, 드라이로 건조해도 10% 정도의 수분이 남아 있다. 수분의 양은 습도가 높으면 많아지고 온도가 높으면 적게 된다. 따라서 수분의 측정은 일정한 온도(25℃), 습도(65%)하에서 행해지지 않으면 정확한 결과를 얻을 수 없다.

(4) 멜라닌색소

자연모발 색상(natural hair color)을 드러내는 2가지 멜라닌 색은 동일하게 보일 수 있다. 하지만 헤어의 미세구조 속에서의 멜라노사이트(melanocyte)에 의해 생성되는 멜라닌의 구조 및 생성 과정에 의한 색소 분포는 사람, 모질에 따라 다르게 나타난다.

멜라닌은 자연색소(natural pigment)로서 모발에서의 모든 기여색소(contribution pigment)인 깊이(depth), 색조(tonality), 강도(intensity)를 가진다. 깊이는 색의 밝기(lightness of color) 및 어두움(darkness of color)의 정도를 나타내는 척도인 명도(明度)가 있다. 이와 같이 모발의 색은 흑, 갈, 적, 금발, 백색 등 여러 가지 색상이 있지만, 이 색들은 피부색과 같이 멜라닌색소 합성의 정도에 따라 결정된다. 멜라닌색소는 모발을 착색시킬 뿐만 아니라 두피를 과도한 자외선으로부터 보호하는 중요한 역할을 하고 있다.

① 멜라닌색소의 종류

멜라닌 표피의 기저층에 존재하는 멜라닌세포 내에서 티로신이라는 아미노산이 산화되면서 멜라닌이 형성되고, 멜라닌은 멜라노사이트라고 불리는 모유두 하부층에 존재하는 특수세포로 생성된다. 멜라닌세포는 자외선에 의해 자극을 받으면 멜라닌색소의 생성을 촉진하게 된다.

- **유멜라닌(Eumelanin)** : 검정, 갈색 색조와 같은 모발의 어두운 색을 결정하며 많을수록 어두워진다.
- **페오멜라닌(Pheomelanin)** : 붉은색과 노란색 같은 좀 더 밝은 색조를 담는다. 모발의 밝은 색을 결정하며 많을수록 모발색은 밝아진다.

2

Hair and Color

모발과 색채

1. 멜라닌색소의 이해

1) 멜라닌색소의 형성

멜라닌(Melanin)는 크기와 양에 따라 모발 색상이 결정되며, 멜라닌 과립이 크고 많으면 빛을 흡수하여 검은 색, 과립이 거의 없으면, 빛이 반사되어 희게 된다.

- **멜라닌세포(Melanocyte)** : 멜라닌형성세포, 모구(Hair Bulb)에 있는 모유두 끝에 존재
- **멜라닌 형성(Melanin Mechanism)** : 티로신(Tyrosine)이 티로시나이제(Tyrosinase)에 의해 산화 중합되어 생성
- **유멜라닌(Eumelanin)** : 검은 모발, 흑갈색 모발의 색소
- **페오멜라닌(Pheomelanin)** : 노란 모발, 붉은 모발의 색소

2) 멜라닌색소의 역할

멜라닌 형성의 요인

멜라닌세포가 멜라닌을 생성하는 이유는 자외선 등으로부터 피부세포를 보호하기 위한 것이다. 피부와 모발을 보호하는 기능, 유해 활성산소(free-radical)를 제거하는 역할을 하며 태양광선은 색소자극 호르몬이나 효소의 기능을 활성화시키므로 여름철에 기미나 주근깨가 짙어진다.

3) 멜라닌색소의 요인

자외선 조사가 시작되고 2시간 후부터 멜라닌세포 내에 이미 만들어져 있던 멜라닌이 주위의 각질세포로 전달되는 현상이 일어난다. 그러나 새로이

멜라닌이 생성되고 이것이 각질세포로 전달되기까지는 수일이 걸린다. 20일경에 최고조에 달했다가 점차 사라진다.

(1) 외적 요인

① **자외선**

- **자외선 A(320~400nm) :** 파장이 길어 진피층까지 20% 정도가 침투
- **자외선 B(290~320nm) :** 파장이 다소 짧아 진피층까지 10% 정도가 침투
- **자외선 C(190~290nm) :** 파장이 아주 짧아 대기층에서 대부분 산란

그 밖에 가시광선(400~780nm)은 진피층까지 30~75% 정도가 침투 가능하고, 적외선(780nm 이상)은 피하조직까지도 침투가 가능하다. 자외선은 각질형성세포와 진피층의 섬유아세포 DNA를 변형시키며 여러 가지 세포 신호 전달 물질을 양산한다.

(2) 내적 요인

① **활성산소 :** 세포에 의해 일어나는 산화작용이나 스트레스 등에 의해 발생되는 활성산소도 자외선과 비슷한 자극을 만든다.
   예 음식, 술, 담배, 스트레스, 심한 운동

② **호르몬 :** 프로게스트론, 에스트로겐과 여성 호르몬

③ **약물 :** 피임약, 비스테로이드성 항염제, 항생제, 이뇨제, 진통제를 비롯한 많은 약물들이 멜라닌세포를 자극하는 물질을 유발한다.

④ **피부 질환 :** 여드름과 같은 미생물, 바이러스 감염에 의한 피부질환

4) 멜라닌의 종류 및 분포

유멜라닌 · 페오멜라닌(Eumelanin·Pheomelanin)

모발의 색은 모발의 가운데층인 모피질(cortex)에 있는 두 종류의 멜라닌 색조 알갱이에 의해 결정된다. 유멜라닌(eumelanin, 전자 현미경 SEM에서 길이가 0.8~1.2㎛이고 두께는 0.3~0.4㎛)인 티로신은 가장 흔하고 제일 진한 색소로서 갈색과 검정의 모발색을 만든다. 페오멜라닌(pheomelanin)은 보다 옅은 색의 색조인 금발색(yellow Blond)으로서 붉은 색소와 노란 색소를 띤다.

두 가지의 멜라닌색소 종류 가운데 동양인에게는 유멜라닌(입자형 색소, granular pigments)이 많고, 서양인에게는 페오멜라닌(분사형 색소, diffuse pigments)이 더 많다. 즉 동양인은 모피질은 얇고 큐티클은 두꺼운 모발 형태를 가진 흑색에서 적갈색의 모발 색상이 두드러지고, 서양인은 모피질은 두껍고, 큐티클은 얇은 모발 형태를 가진 적색에서 노란색까지 다양한 모발색을 가졌다. 이러한 모발 형태는 염색 후의 착색력, 색상 보유기간, 광택, 손상도, 시술 방법 등의 조건을 달리 요구한다. 붉은 모발 색상은 붉은 색소와 검정 색소에 의해 나타나며, 금발은 붉은 색소와 노랑 색소의 혼합인 결과 색소이다. 모래빛 갈색모발은 붉은색과 갈색, 검정 색소의 혼합에 의해 색소가 나타나며, 짙은 갈색 모발은 모래빛 갈색모발보다 검정모발 색소가 더 많이 들어있다. 흰머리는 색소 알갱이가 없는, 즉 색을 나타낼 수 없는 모발색이다.

2. 염색의 역사

1) 모발염색의 역사

고대 이집트인	· 기원전 3천년 전부터 고대이집트인들이 흰머리 커버를 위해 헤나 등을 사용하여 붉은색, 파란색, 금색 등으로 염색했다. · 중동아시아 및 아시아인은 남녀 모두 눈썹과 속눈썹을 까맣게 칠하거나 염색했다. · 페르시아의 남자들은 헤나로 수염, 두발, 눈썹을 물들였다.
그리스 · 로마시대	· 고대 그리스 여성들은 금발을 신의 은총으로 여겨 모발을 탈색시켰다. · 로마제국의 귀족 여성들 역시 금발로 염색하였으며, 남성들의 경우 검은색으로 염색했다.
중세	· 중세에서 17세기까지 베네치아의 여성들은 나트륨을 기초로 한 재료를 이용하여 적갈색 머리를 감은 후 햇빛에 말려 탈색 시켰다.
19세기	· 19세기에 들어서 모발염색이 본격적으로 미용의 한 부분으로 차지하게 되었다.
1818년	· 자크 테나르에 의해 발견된 과산화수소는 1860년과 1865년 탈색에 사용되었다.
1864년	· 호프만이 페닐렌디아민을 발견하였으며, 이는 1883년 케라틴을 염색하기 위해 사용되었다.
1883년	· 파리의 모네가 P.P.D를 이용한 모발 염색의 기초를 마련했다.
1907년	· 화학자 유젠슈엘르에 의해 모발을 위한 합성염모제가 개발되었으며, 이후 1925년에 이르러 산화염료를 주원료로 하는 염색약들이 개발되면서 과학적인 염색법이 첫발을 내디디기 시작했다.

1936년	· 크림 타입 염모제가 출시되었으며, 1950년 염색이 세계적으로 알려지기 시작했다.
1955년	· 흰머리 커버력이 향상된 염색약이 출시되었다.
1960년대	· 염모제의 사용이 매우 일반화되고, 1970년대는 다양한 컬러 테크닉이 시도되었으며, 1980년대는 보색 테크닉과 하이라이트 테크닉 등 다양한 모발 염색이 점차 대중화 되었다.
1990년대	· 1990년대 들어 헤어스타일은 모발 염색이 눈에 띄게 다양해지고 보편화되면서 블리치(bleach)나 메쉬(mesh) 등 부분 염색으로 각자의 취향을 표현하는 등 모발 염색을 통한 새로운 패션문화가 생겨났다.
현대	· 현대의 경향은 메이크업(make-up)의 눈과 입술 그리고 피부색과 모발 색상이 함께 어울리는 토털 패션(total fashion)이 강조되고 있다.

2) 산화염모제의 역사

산화염모제는 1818년 프랑스의 화학자인 테나르(Thenard)에 의해 과산화수소가 발견되면서부터 개발이 시작되었다고 할 수 있다. 또한 1860년 나폴레옹의 애인인 코라 펄(Cora Pearl)이 최초로 사용하였고, 1867년 화학자 티엘레이(E. H. Thiellay)와 헤어디자이너 레온 휴고(Leon Hugot)가 모발을 밝게 하기 위해 알칼리 염모제 대신 과산화수소를 사용하였다. 1863년에 독일의 의학자인 호프만(Hofmann)이 파라페닐렌디아민(para-phenylenediamine, PPDA)을 발견하였다. 그리고 1883년 파리의 모네회사 사장이 PPDA를 염모제에 사용할 수 있는 특허권를 취득하여 1907년에 상용화하면서 모발 염색제 개발이 본격적으로 시작되었다. 이것이 현대 염색의 시초라 할 수 있으며, 추후 1925년 프랑스의 화학자 외젠 슈엘레(Eugene Schueller)가 합성염모제를 제조하면서 염색분야가 급격히 발전하였고, 1936년에 크림 타입의 염모제가 출시되었다.

3) 우리나라 모발염색의 역사

고려시대	· 삼국시대는 모발에 대한 자료가 없어서 알 수 없지만 유물이나 벽화를 통해서 고려시대부터 모발 염색이 시작되었으리라 추정할 수 있다.
1950년대	· 우리나라 염색제는 1950년대 말 염료를 끓여 사용한 보일링 타입의 제품이 시작이었다.
1960년대	· 1960년대 초에는 동성제약이 국내 첫 염색약으로 '양귀비 1호'를 출시(새치머리 커버용)하였다.
1980년대	· 가정용, 전문가용으로 시장이 세분화되었으며 외국 브랜드 염모제가 국내에 들어오기 시작했다. 또한 본격적인 컬러TV, 소득향상, 미에 대한 관심 고조 등으로 인해 단순한 흰머리 커버의 기능에 그치지 않고 모발에 변화를 주기 위한 컬러가 각광받기 시작했다.
1990년대 초	· 대중매체에 의해 모발 염색이 급격히 유행하기 시작했다. 이에 따라 새로운 도포 테크닉이 발달되었다.
2000년대 초	· 다양한 해외 브랜드의 염모제가 국내에 유입되면서 헤어 컬러 시장이 본격화되었다.

3. 색채의 이해

1) 색의 지각

우리가 색을 보기 위해서는 몇 가지 조건이 필요하다. 어두운 곳에서는 물체의 형태감은 보이지만 색은 정확하게 지각하기 어렵다. 따라서 색의 지각에 있어 빛(광원)은 매우 중요하다. 인간이 볼 수 있는 빛의 파장은 380nm~780nm이며, 이를 가시광선이라고 한다.

2) 색의 3속성

색은 크게 유채색과 무채색으로 구분할 수 있다. 무채색은 색상과 채도가 없이 명도만 가지며, 유채색은 무채색을 제외한 모든 색을 의미하며 색의 3속성인 색상, 명도, 채도를 가진다.

(1) 색상

색명으로 구별되는 모든 색들을 말하며, 각각의 색이 가지는 독특한 성질이나 고유한 이름이라 할 수 있다.

(2) 3원색

원색이란 더 이상 분해할 수 없는 색, 색의 혼합으로 만들어 낼 수 없는 색이며 기본색이라고도 한다. 노랑, 빨강, 파랑이 3원색이며 1차색(primary color)이다.

■ 1차색(Primary Color)

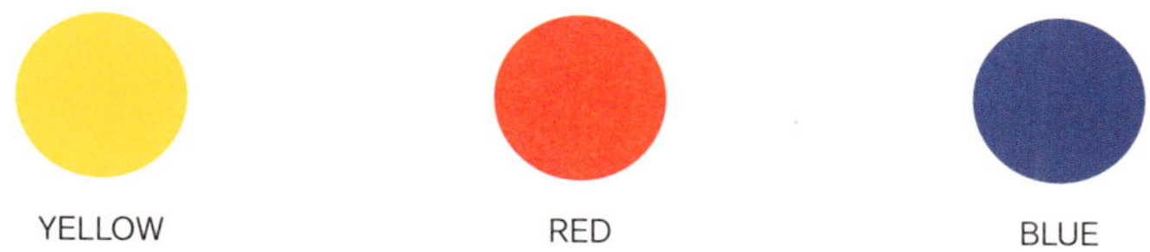

■ 2차색(Secondary color)

■ 3차색(Tertiary color)

3) 색상환

적색, 청색 등 색의 명칭을 의미하는 색상만을 다루고 있는, 색의 관계를 보여주는 2차원적인 모델이다. 색상환에서 서로 이웃하고 있는 색상을 유사색(analogous color)이라고 하고, 반대위치에 있는 색을 보색(complementary color)이라고 한다.

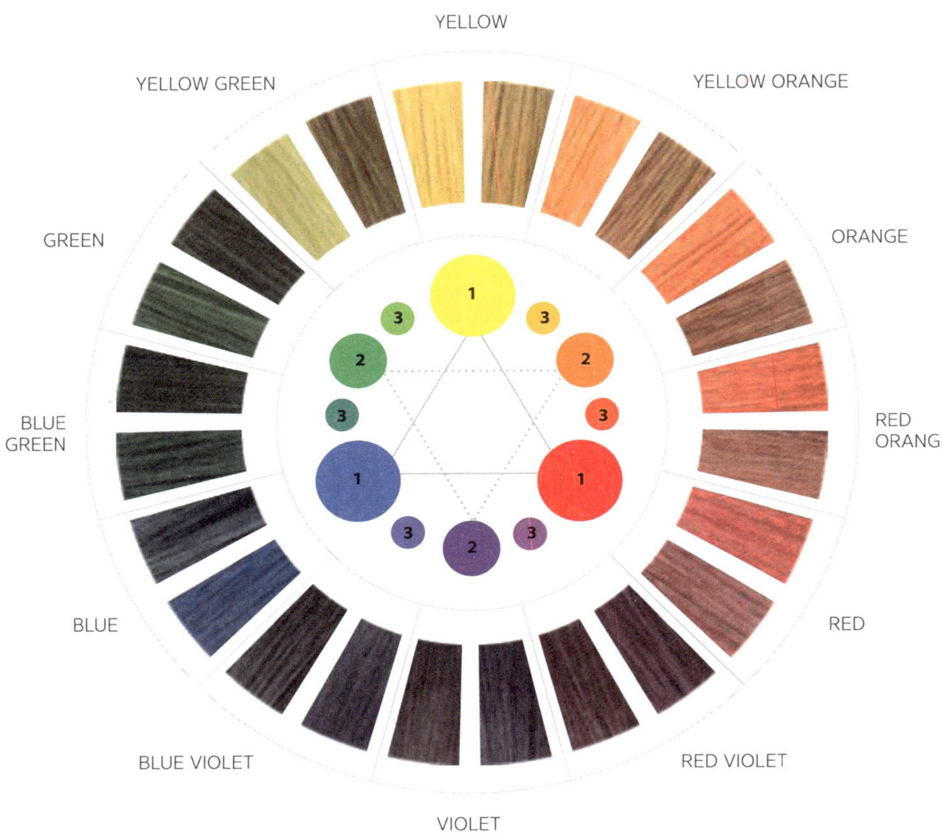

4) 보색

보색이란 색상환에서 서로 반대 위치에 있는 색상이며 보색끼리의 혼합은 서로의 색상을 중화시켜 무채색이 되게 한다. 모발에서는 원하지 않는 색상을 제거하고 원래의 색상인 갈색으로 되돌리기 위해 이 원리가 사용되며 이를 보색중화라고 한다.

5) 한색과 난색

색을 보았을 때 일반적으로 느끼는 인상과 연상작용 등은 개개인에 따라 다르지만 대다수의 사람들이 보편적으로 느끼는 느낌을 색의 감정이라 하며 따뜻한 느낌이 나는 색을 난색, 차가운 느낌이 나는 색을 한색, 초록이나 보라 등은 중성색이라 한다.

<table>
<tr><th>분류</th><th>COLOR CIRCLE</th><th>비산화염모제</th><th>산화염모제</th></tr>
<tr><td rowspan="2">난색
Warm Color</td><td rowspan="4">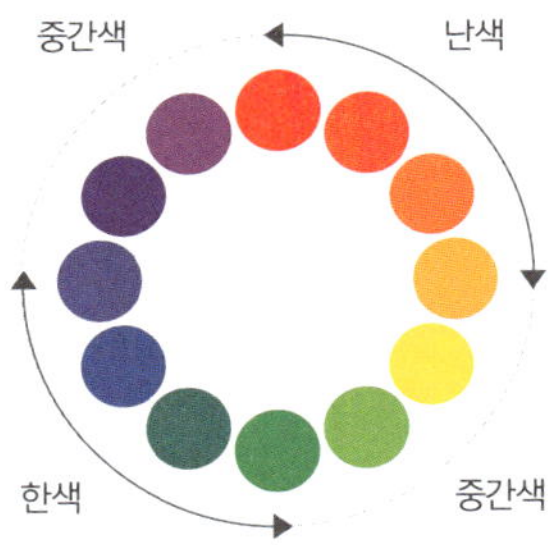
</td><td></td><td></td></tr>
<tr><td></td><td></td></tr>
<tr><td rowspan="2">한색
Cool Color</td><td></td><td></td></tr>
<tr><td></td><td>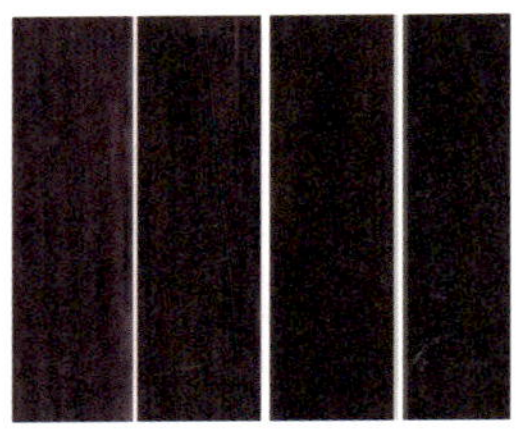</td></tr>
</table>

6) 명도

색의 밝고 어두운 정도를 나타내는 것을 명도라 하고, 가장 밝은 흰색에서 가장 어두운 흑색까지 단계적으로 나누어 명도차를 나타낸 것을 그레이 스케일(Gray Scale)이라 한다.

모발의 명도는 레벨(Level)이라는 용어로 표시하며 일반적으로 1~10단계로 나눈다. 가장 어두운 모발인 흑색을 1레벨, 가장 밝은 모발인 아주 아주 밝은 황금색을 10레벨이라고 한다. 모발의 명도를 표시하는 또 하나의 방법은 모발의 명도를 5단계로 나누어 범주(Field)로 구분하는 것이다. 각 레벨과 범주의 세부명칭은 다음과 같다.

No	그레이 스케일 (GRAY SCALE)	모발의 명도 (LEVEL)	명도의 범주 (FIELD)	
10			아주 아주 밝은 황갈색 (황금색)	L (Light)
9			아주 밝은 황갈색	
8			밝은 황갈색	ML (Medium Light)
7			황갈색	
6			어두운 황갈색	M (Medium)
5			밝은 갈색	
4			갈색	MD (Medium Dark)
3			어두운 갈색	
2			아주 어두운 갈색	D (Dark)
1			흑색	

7) 채도

색의 맑고 탁함의 정도를 나타내는 것으로 원색일수록 채도가 높으며, 색이 섞일수록 채도는 낮아진다. 모발에서는 채도보다는 강도(intensity)라는 표현이 더 일반적으로 사용되며, 동일한 모발 색일지라도 어떤 강도의 색이 착색되는지에 따라 채도 즉, 강도는 달라질 수 있다.

오렌지

블루

3 Principles of Dyeing

염색의 원리

1. Oxidation Color의 기본요소

1) 하이라이트(high light)와 로우라이트(low light)

멜라닌은 크기와 양에 따라 모발 색상이 결정된다. 멜라닌 과립이 크고 많으면 빛을 흡수하여 검은색이 되고 과립이 거의 없으면 빛이 반사되어 희게 된다.

- **하이라이트(high light)** : 모발의 색을 밝게 하는 것, 헤어 레벨업, 헤어 레벨 리프트
- **로우라이트(low light)** : 모발의 색을 어둡게 하는 것, 흰머리 염색, 레벨 다운

① The coloring BASE – intermediates

② The developing agent – Hydrogen Peroxide

③ The alkaline agent – Ammonia

④ The protecting agent

2) 염색원리와 모발의 팽창

1제의 알칼리제(암모니아)에 의해 팽창한 큐티클 사이로부터 염료(산화염료)가 침투하여 2제의 산화제(과산화수소)와 반응하여 중합 작용을 일으켜 발색한다. 또 1제의 알칼리제(암모니아)와 2제의 산화제(과산화수소)가 반응하여 멜라닌색소를 표백한다. 헤어 컬러는 이 두 가지 작용이 동시에 일어나 염색되어 간다.

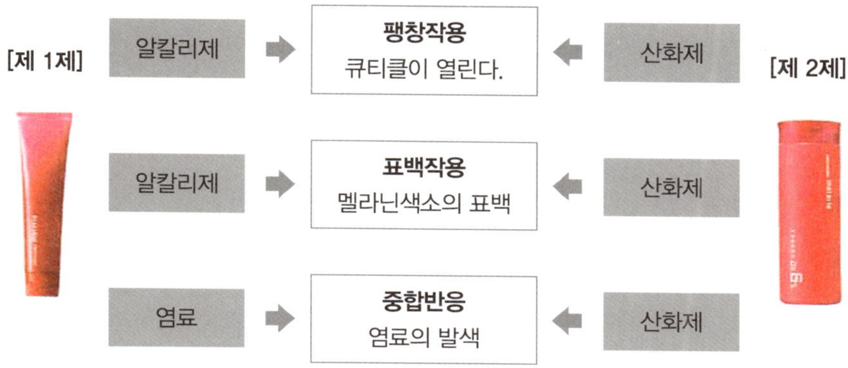

3) 염색의 진행 과정

자외선 조사가 시작되고 2시간 후부터 멜라닌세포 내에 이미 만들어져 있던 멜라닌이 주위의 각질세포로 전달되는 현상이 일어난다. 그러나 새로이 멜라닌이 생성되고 이것이 각질세포로 전달되기까지는 수일이 걸린다. 20일경에 최고조에 달했다가 점차 사라진다.

(1) The chemical dyeing 진행 과정

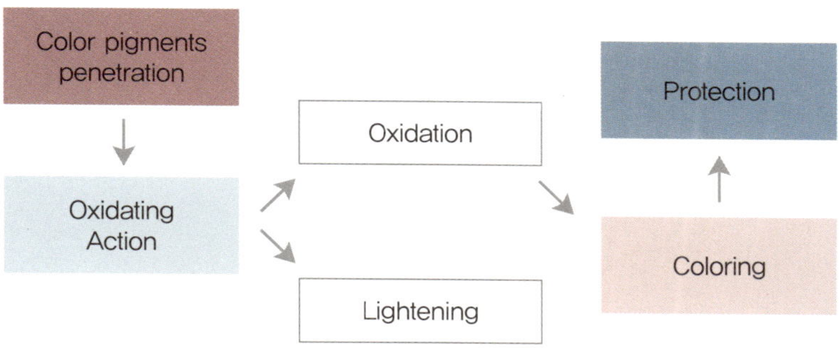

4) Lifting Power

(1) 1제 – 알칼리제

■ **Creme 1제(6%를 사용했을 때 기준)**

분류	LEVEL
1~2	0.5 Shade
3~4	1 Shade
5~6	1~2 Shade
7~9	2~3 Shade

(2) 2제 – 산화제

■ **Developer 2제**

분류	LEVEL
5 VOLUME (1.5%)	Toning
10 VOLUME (3%)	Toning – Dark levels
15 VOLUME (4.5%)	Dark levels
20 VOLUME (6%)	0.5 – tone on tone
25 VOLUME (7.5%)	1
30 VOLUME (9%)	2
35 VOLUME (10.5%)	2.5
40 VOLUME (12%)	3
40 VOLUME (12%)	4–6(superlighteners)

염색에 사용되는 과산화수소 농도와 산소형성량, 국내에서 사용되는 6%과산화수소는 약 20볼륨(volume, 기체를 측정하는 단위)의 산소를 형성한다. 1볼륨의 산소를 형성하는데 약 1분이 소요된다. 즉 6% 과산화수소수를 가지고 멜라닌을 옥시멜라닌으로 산화시키는데는 약 20-30분이 소요된다.

2. 색의 혼합과 빛의 혼합

두 가지 이상의 색을 혼합하여 새로운 색을 만드는 것을 혼색이라 한다.

1) 가법혼색

빛의 혼합과 같이 색을 섞을수록 그 결과물이 더 밝아지는 혼색을 말한다.

2) 감법혼색

색(색재, 색료)의 혼합과 같이 섞을수록 더 어두워지는 혼색이다. 염모제의 혼색도 감법혼색이므로 두 색을 혼합하면 두 색의 평균 명도보다 더 어두워지며, 채도 또한 낮아져 색이 어둡고 탁해진다는 점을 염두에 두어야 한다.

3) 중간혼색

혼합되는 색들의 중간명도가 만들어지는 혼색이다.

- **회전혼색 :** 2가지 이상의 색이 팽이를 돌릴 때와 같이 회전에 의해 이루어지는 혼색

■ **병치혼색 :** 인쇄나 체크무늬처럼 실질적으로는 혼색되지 않았으나 혼색된 것처럼 보이는 상태로 혼합한 색의 평균명도로 보인다. 컬러 디자인 테크닉의 한 종류인 위빙에서 이와 같은 효과를 볼 수 있다.

3. 색의 상호 작용

1) 동시대비

인접한 색을 동시에 볼 때 일어나는 현상으로 서로의 영향으로 원래의 색과 다르게 보이는 현상

(1) 명도대비

색의 3속성 중 가장 예민하고 강하게 반응하는 대비로 동일한 명도의 색을 비교색보다 밝은 색, 어두운 색에 적용하였을 경우 밝은 색에서는 원래의 색보다 어두워 보이며 어두운 색에서는 원래의 색보다 밝아 보이는 현상을 명도대비라 한다.

(2) 채도대비

채도가 서로 다른 두 색이 서로의 영향으로 인해 원래의 채도와 달라 보이는 현상을 채도대비라 한다. 채도가 높은 색은 더욱 높게, 낮은 색은 더욱 낮게 보인다. 헤어 컬러에서도 포인트 색으로 채도가 높은 원색을 사용할 때 주변 색의 채도가 낮으면 포인트를 더욱 강조할 수 있다.

(3) 색상대비

두 가지 이상의 색을 동시에 바라볼 때 각 색상의 차이가 크게 느껴지는 현

상을 색상대비라고 한다.

(4) 보색대비

색상환에서 정반대에 위치한 두 색상이 인접해 있을 때 서로 영향을 받아 채도가 높고 선명해 보이는 현상이다.

2) 면적대비

면적의 크기에 따라 색이 다르게 느껴지는 현상으로 면적이 클수록 명도, 채도가 높아 보이고 면적이 작아지면 상대적으로 명도와 채도가 낮아 보이는 현상이다. 헤어 컬러에서 색을 선택할 때 모발 전체에 시술할 것인지, 부분적으로 시술할 것인지에 따라 명도, 채도의 선택에 신중을 기해야 한다.

3) 한난대비

한색과 난색을 동시에 사용할 경우 한색은 더욱 차갑게, 난색은 더욱 따뜻하게 보이는 현상이다.

4) 연변대비

두 색이 인접해 있을 경우 인접된 부분이 특히 강한 대비현상을 보이는 현상이다.

5) 계시대비

인접한 색을 동시에 볼 때 일어나는 현상이 아니라 색을 보고 난 후 다른 색을 봤을 때 시간적 간격에 따라 나타나며, 먼저 본 색의 영향으로 나중에 보는 색이 다르게 보이는 현상이다.

4. 언더 컬러

LEVEL	1	2	3	4	5	6	7	8	9	10
레벨 스케일										
언더 컬러	블루	바이올렛	레드 바이올렛	레드	오렌지 레드	오렌지	오렌지 옐로우	옐로우	페일 옐로우	화이트

5. Numbering System

I.C.C(International Color Code)

(1) DEPTH

12 Very Light Extra Blonde
10 Extra Light Blonde
9 Very Light Blonde
8 Light Blonde
7 Medium Blonde
6 Dark Blonde
5 Light Brown
4 Medium Brown
3 Dark Brown
2 Very Dark Brown
1 Black

No	그레이 스케일 (GRAY SCALE)	모발의 명도 (LEVEL)	명도의 범주 (FIELD)	
10			아주 아주 밝은 황갈색 (황금색)	L (Light)
9			아주 밝은 황갈색	
8			밝은 황갈색	ML (Medium Light)
7			황갈색	
6			어두운 황갈색	M (Medium)
5			밝은 갈색	
4			갈색	MD (Medium Dark)
3			어두운 갈색	
2			아주 어두운 갈색	D (Dark)
1			흑색	

(2) TONE

0 Natural
1 Matt Ash(green)
2 Violet Ash
3 Golden(yellow)
4 Copper(orange)
5 Mahogany
6 Red
7 Blue

4

Basic of Dyeing

염색의 기초

1. 모발의 이력

① 멜라닌색소와 틴트(염료)의 나머지 상태로 손님의 컬러 이력을 파악한다.
② 파마의 유무를 확인한다. 특히 축모 교정을 하고 있는 경우는 명도가 너무 높아지거나, 반대로 높아지지 않는 경우가 있으므로 주의한다.
③ 손상의 유무를 확인한다.

2. 스트랜드 테스트

① 실제 시술에 들어가기 전에 모발의 상태와 색을 체크하기 위해서 시술한다.
② 명도의 높이와 컬러의 유무 등을 알기 어려울 때에는 사전에 꼭 스트랜드 테스트를 시술한다.

브릿지제 + OX 6% 혹은 사용할 예정인 약제로 확인

Process

① 표면에 나타나지 않는 부분으로 테스트한다.
② 1cm 각의 모속을 잡아, 사용약제를 도포한다.
③ 15분간 방치한 후, 약제를 닦아 내고 모발의 상태를 확인한다.
④ 미묘한 색을 표현할 때에는 희망색, 추천색 등이 발색하는가를 사전에 확인한다.
⑤ 사용할 예정의 약제로 테스트한다.

⑥ 프론트 사이드 1cm 각의 모속을 잡아 손님에게 확인시켜 준다.

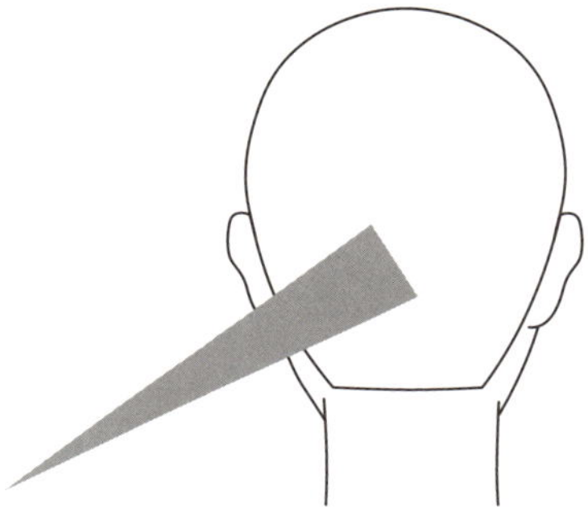

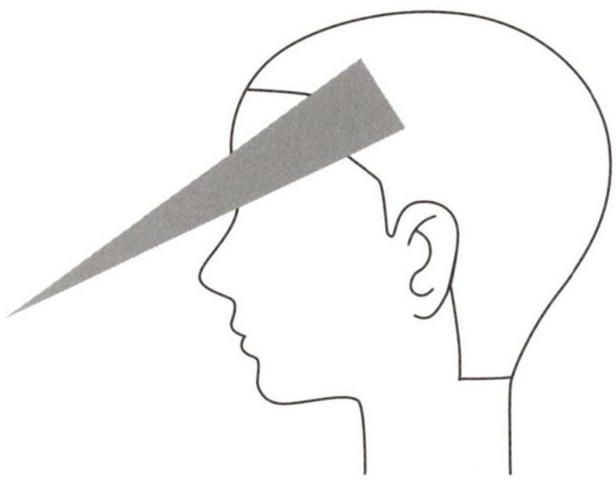

3. 컬러디스크

1) 색상환(Color Star, Oswald Star)

① 주요 컬러 – 삼원색 – 1차색 – Primary Color

② 제2컬러 – 2차색 – Secondary Color

③ Intensity는 컬러제 색상의 강도를 나타낸다.

④ Tone은 컬러제의 색상을 나타낸다.

⑤ Depth는 컬러제의 명도(깊이)를 나타낸다.

⑥ Level은 tone과 depth의 높낮이를 나타낸다.

2) 컬러 측정법(Colormetry)

① 양모 테스트 : 사용하고자 하는 색상을 확인한다.

② 레벨 테스트 : 다양한 레벨의 터프트에 레벨을 확인한다.

③ 리프트력 테스트 : 다양한 레벨의 터프트에 리프트력을 확인한다.

④ 베이스 색상 테스트 : 다양한 레벨의 터프트에 베이스 색상을 확인한다.

⑤ 발색 테스트 : 터프트에 발색의 시간, 정도를 확인한다.

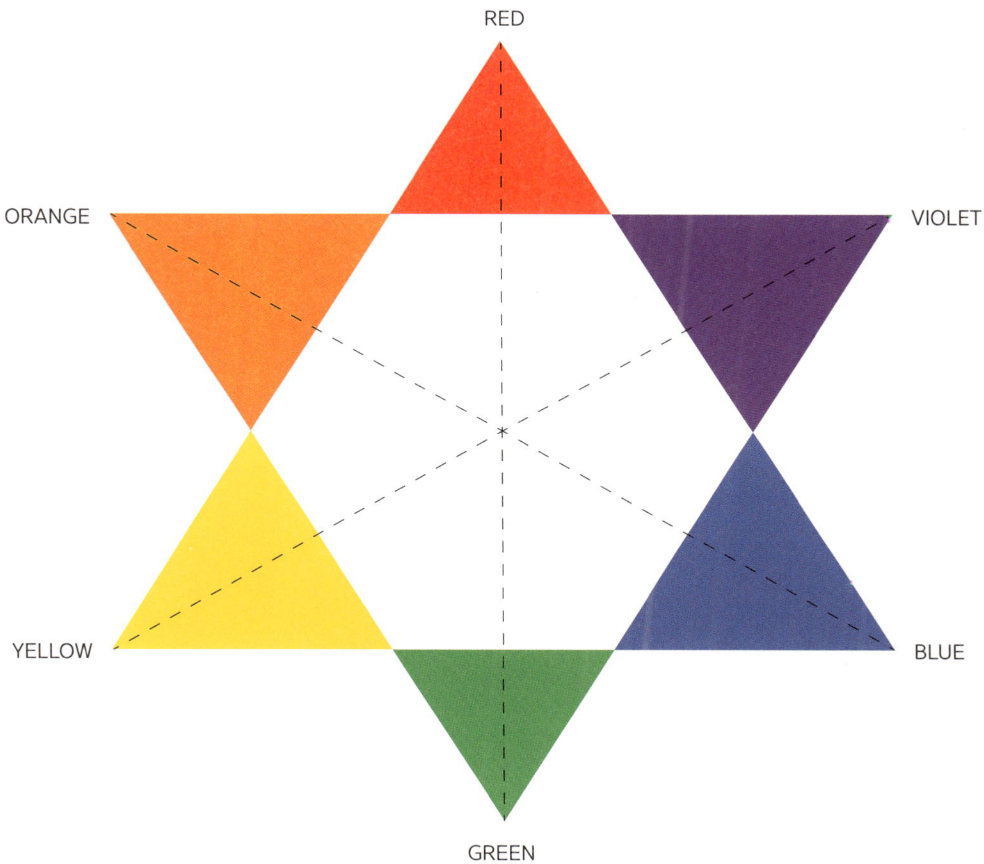
RED
ORANGE
VIOLET
YELLOW
BLUE
GREEN

3) 컬러디스크

실제 사용하고자 하는 염모제 혹은 사용할 염모제들을 미리 컬러디스크에 표기하여 둔다. 이 작업을 통해 여러 가지 색상의 염모제들이 겹치지 않게 선택하기가 용이하다.

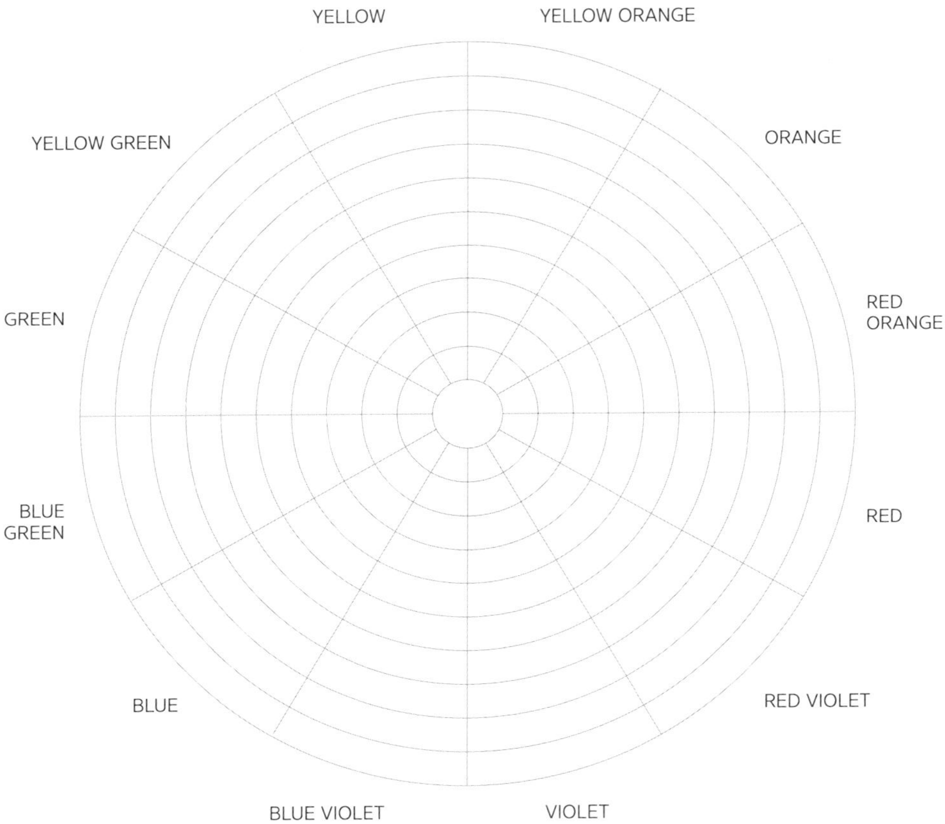

4. 염모제의 조성

1) 알칼리산화염모제 1제의 조성

(1) 알칼리제

모발의 팽창과 2제 과산화수소 분해를 촉진한다.

- 암모니아수 등

(2) 산화 염료

- 염료중간체
- 황산톨루엔 2.5 디아민
- p-아미노페놀
- p-페닐렌디아민 등

(3) 커플러

- 레소르신
- m-아미노페놀
- p-아미노-o-크레졸

(4) 직접염료

- 니트로-p-페닐렌디아민
- 황산-p-니트로-m-페닐렌디아민

(5) 트리트먼트 성분

- 모발의 손상을 방지, 보수한다.
- 스쿠알렌 에멀션
- 피토스테롤
- P.P.T. 등

(6) 크림 성분

- 크림 기제
- 스테아릴알코올 등

(7) 계면활성제

- 폴리옥시에칠렌라우릴에테르황산염 등

(8) 산화방지제

- 아황산나트륨
- 비타민 C 등

(9) 방부제

- 파라벤 등

(10) 향료

- 암모니아 향의 마스킹을 한다.

2) 제 1제 성분과 작용

알칼리산화염모제(Natural Brown 5N)의 예시

- **정제수(Water) – 69.29%**

이온이 제거된 정제수로 화장품에 사용되는 가장 일반적인 물질이다.

- **금속이온봉쇄제, 킬레이트제(Etidronic Acid) – 0.20%**

금속성 또는 광물성 이온들을 제거하여 내용물(과산화수소수의 안정화 포함)의 안정화에 기여하는 물질이다. 높은 pH에서도 안정하여 강력한 킬레이팅이 필요한 염모제의 산화제, 파마제 중 과산화수소수타입의 2제에 주로 사용한다.

■ **보습제(Urea) – 0.50%**

강력한 보습 효과로 파마으로부터 다공화가 될 수 있는 모발의 수분 밸런스를 조절하며 풋 크림, 핸드 크림의 보습제로도 사용되는 물질이다. 염색 후 모발의 수분 밸런스 조절제의 역할을 하기도 한다.

■ **산화방지제, 환원제(Ammonium Thioglycolate) – 0.80%**

티오글리콜산(Thioglycolic Acid)과 암모늄(Ammonium)의 합성에 의해 얻어지는 것으로 대부분의 파마제에 환원제로 사용된다. 처방상에서 염모제의 산화방지제로서 소량 첨가된다. 일반적으로 60%(Thio 함량)의 원료를 사용한다.

■ **컨디셔닝제(DL–Panthenol) – 0.05%**

프로비타민 B5로 모발과 피부 보습효과 및 컨디셔닝 효과가 매우 우수한 물질이다.

■ **산화염료(p–Phenylenediamine) – 0.56%**

산화염료 전구체로서 어두운 명도 조절에 사용되는 물질이다. (어두운 색일수록 함량이 높아지며, 밝은 색일수록 함량을 낮추어 사용한다.)

■ **산화염료(o–Aminophenol) – 0.230%**

산화염료 커플러로서 파라–페닐렌디아민(p–Phenylenediamine)과 산화중합반응을 거쳐 Black Orange 또는 Black Red의 색상으로 표현되는 물질이다. 무색 결정으로 물, 에탄올 등에 잘 녹으며 강한 산이나 알칼리에는 염을 만들고 녹는다. 산화가 빠르며 오랫동안 방치하면 갈색으로 변한다. 아조 염료의 중간체로 중요하며, 은의 검출이나 금의 정량분석용 시약으로 쓰이기도 한다.

■ **산화염료(Resorcinol) - 0.120%**
산화염료 커플러로서 파라-페닐렌디아민(p-Phenylenediamine)과 반응하여 Greenish Brown의 색상으로 표현되는 물질이다.

■ **유화안정제, 점증제(Cetyl Alcohol) - 4.00%**
세탄올(Cethanol)이라고 하며, 경납을 비누와 분해하여 얻은 알코올로 백색의 왁스(고체)상이다. 유화안정제/점증제로 일반적인 크림제형이나 로션제형에 기제로 사용되는 물질이다.(제품의 Body 형성)

■ **유화안정제, 점증제(점도증진제)(Cetearyl Alcohol & Ceteth - 20 Phosphate & Dicetyl Phosphate) - 7.00%**
일반적인 크림제형이나 로션제형에 기제로 사용되는 물질(제품의 Body 형성)로 낮은 점도에서 안정성이 매우 우수한 물질이다.

■ **유화안정제, 점증제(Cetearyl Alcohol) -3.50%**
유화안정제, 점증제로 일반적인 크림제형이나 로션제형에 기제로 사용되는 물질이다.(제품의 Body 형성)

■ **모발유연제(Mineral Oil) - 4.00%**
부드럽고 효과적인 유연제로 모발의 윤기, 부드러움 등에 관여하는 물질이다.

■ **모발유연제(Vaseline(Petrolatum)) - 3.00%**
모발의 윤기, 부드러움(슬라이딩 효과), 보습 등에 관여하는 물질로 탄화수소의 혼합물이며 석유에서 얻는 무색이나 담황색의 연고이다. 중성이고 자극성이 없으며, 공기의 산화나 화학약품의 작용을 잘 받지 않는다. 화장품, 의약품, 의약외품 등의 원료로 사용된다.

■ **모발유연제(Isopropyl Myristate) – 2.30%**

가벼운 슬라이딩 효과로 모발에 윤기와 유연성을 부여하는 물질이다.

■ **알칼리제(Monoethanolamine(90%)) – 3.50%**

모발에 잔류하는 부작용이 있으나 암모니아와는 달리 특이취가 없으며, 내용물을 알칼리화 하여 모발의 팽윤과 과산화수소수를 해리시키는 작용을 하는 물질이다. 시술 후 모발에 잔류하는 부작용이 있을 수 있으므로 주의하여 사용하도록 해야 한다.

■ **알칼리제(Ammonium Hydroxide) – 1.20%**

모노에탄올아민과 마찬가지로 내용물을 알칼리화시킨다. 시술 후 모발에 잔류하지 않고, 물과 혼용성이 좋아서 샴푸 시 깨끗이 세척된다.

■ **향료(Perfume) – 0.25%**

알칼리제 또는 환원제 특유의 향취를 없애거나, 마스킹(Masking)할 수 있는 성분들로 이루어진 것이라야 하고, 높은 pH에서도 안정해야 한다.

※ 기타 트리트먼트제를 첨가 가능하다.

※ 높은 명도로 갈수록 알칼리제의 양은 추가되며(pH가 높아진다), 염료의 양 또한 적게 조성되고, 어두운 명도로 갈수록 염료의 양은 많아지고, 알칼리제 양은 적게 조성된다.

3) 알칼리산화염모제 2제의 조성

(1) 산화제

산화염료의 중합과 모발 표백 작용을 한다.

(2) 트리트먼트 성분

모발 손상을 방지 · 보수한다.

- 스테아릴 알코올
- 염화스테아릴트리메칠암모늄
- 글리세린 등

(3) 안정제

과산화수소의 분해 등을 억제한다.

- 인산
- 살리실산 등

(4) 향료

1제 암모니아 향의 마스킹을 한다.

※ 표시 성분에 대하여

용기와 상자 뒷면에 표기되어 있는 성분은, 약사법에서 기재를 의무화한 것이다. 이것은 극히 드물게 알레르기 등의 피부 장애를 일으킬 수 있는 성분으로, 사용자에 대한 주의를 일러 주는 것이다. 따라서 의약외품의 경우, 제품을 구성하는 모든 성분이 기재되어 있다고는 말할 수 없다.

4) 제 2제 성분과 작용

제 2제 산화제(6%)

■ **정제수(Water) – 76.62%**

이온이 제거된 정제수로 화장품에 사용되는 가장 일반적인 물질이다.

■ **금속이온봉쇄제, 킬레이트제(Etidronic Acid) – 0.10%**

금속성 또는 광물성 이온들을 제거하여 내용물(과산화수소수의 안정화 포함)의 안정화에 기여하는 물질이다. 높은 pH에서도 안정하여 강력한 킬레이팅이 필요한 염모제의 산화제, 파마제 중 과산화수소수 타입의 2제에 주로 사용한다.

■ **pH조절제, 안정제(Phosphoric Acid) – 0.16%**

과산화수소수의 가장 안정된 pH는 2.50~3.50이다. 내용물의 일정하고 정확한 pH조절을 위해 사용하는 강산성물질이다.

■ **pH조절제, 완충제(Sodium Phosphate Dibasic) – 0.27%**

Phosphoric Acid의 완충제 역할(Phosphoric Acid의 급격한 pH변화나 강산 쪽으로 내용물의 pH가 떨어지는 것을 방지하기 위해서 사용되는 물질)을 하며 내용물의 일정하고 정확한 pH 조절을 위해 사용하는 물질이다.

■ **과산화수소수 안정화제(Aceteanilide) – 0.05%**

과산화수소수 안정화제로, 과산화수소수는 높은 온도, 자외선, pH변화에 의해 해리가 이루어지는데 과산화수소수의 해리를 방지하는 물질이다.

■ **유화안정제, 점증제(Cetyl Alcohol) – 3.00%**

세탄올(Cethanol)이라고 하며, 경납을 비누와 분해하여 얻은 알코올로 백색의 왁스(고체)상이다. 유화안정제, 점증제로 일반적인 크림제형이나 로션제형에 기제로 사용되는 물질이다.(제품의 Body 형성)

■ **유화안정제, 점증제(Cetearyl Alcohol) - 1.20%**
유화안정제, 점증제로 일반적인 크림제형이나 로션제형에 기제로 사용되는 물질이다.(제품의 Body 형성)

■ **모발유연제(Mineral Oil) - 6.00%**
부드럽고 효과적인 유연제로 모발의 윤기, 부드러움 등에 관여하는 물질이다.

■ **모발유연제(Vaseline(Petrolatum)) - 3.00%**
모발의 윤기, 부드러움(슬라이딩 효과), 보습 등에 관여하는 물질이다. 탄화수소의 혼합물로 석유에서 얻는 무색이나 담황색의 연고이다. 중성이고 자극성이 없으며, 공기의 산화 작용이나 화학약품의 작용을 잘 받지 않는다. 화장품, 의약품, 의약외품 등의 원료로 사용된다.

■ **유화안정제/점증제(점도증진제)(Glyceryl Stearate SE) - 1.00%**
유화안정제/점증제(점도증진제)로 일반적인 크림제형이나 로션제형에 기제로 사용 되는 물질이다. (제품의 Body 형성)

■ **계면활성제(Steatrimonium Chloride) - 0.50%**
양이온막을 형성하여 부드러움과 윤기에 관여하는 물질로 정전기를 방지한다.

■ **산화제(Hydrogen Peroxide(35%)) - 8.00%**
2제에 사용되는 산화제 중 가장 강력한 산화제로 시간 초과 시 모발이 갈변할 수 있는 부작용이 있다.

■ **향료(Perfume) – 0.10%**

특유의 향취를 없애거나, 마스킹할 수 있는 성분들로 이루어진 것이라야 하고, 낮은 pH에서도 안정해야 한다.(과산화수소에 의해 변취가 없는 향이어야 한다.)

※ 염료 / 색소로 제품 외형을 보다 보기 좋게 하기 위해 사용한다. 실리콘(모발에 윤기, 부드러움을 부여), 오일 등을 첨가하거나, 트리트먼트 효능 효과를 줄 수 있는 물질을 첨가하여 제조한다.

※ 과산화수소수(Hydrogen Peroxide)의 양을 늘리거나 줄임으로써 3%, 9%의 산화제를 만들어 낼 수 있다.

5. 패치 테스트

알칼리 컬러의 염색에 의한 피부염

알칼리 컬러 염색에 의해 나타나는 산화염료에 대한 알레르기 반응이 일어나는 것이 원인이다. 과거에 산화염료로 피부염이 있었던 분은 염색을 주의해야 한다. 패치 테스트는 산화 염료에 의한 피부염이 일어나는가 아닌가를 확인하기 위한 테스트로, 매회 염색 시술 전 반드시 실시하도록 한다.

5

Classification According to Persistence of Dyeing

염색의 지속성에 따른 분류

1. 염색의 지속성에 따른 분류

구분	알칼리 컬러	로우 알칼리 컬러	염기계 컬러	산성 컬러	브릿지
발색 구조				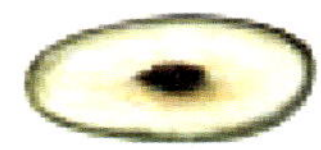	
	열린 큐티클 사이에서 염료가 들어와 모발 내부에서 발색한다. 동시에 모발의 멜라닌색소도 표백되어 간다.		큐티클의 표면에 흡착하여 모발의 내부로 침투하여 염착한다.	큐티클의 표면에 이온 흡착한다.	모발의 멜라닌색소를 표백한다.
pH	9.0~12.0	7.0~10.0	5.0~9.0	2.0~4.0	9.0~11.0
리프트력	중간	낮음	리프트력 없음	리프트력 없음	높음
손상	중간	적음	손상 없음	손상 없음	높음
색유지	매우 좋음	좋음	나쁨	중간	
구분	의약외품		화장품	화장품	의약외품
주의점	폭넓은 색 표현이 가능하지만, 알레르기 반응을 일으킬 염려가 있으므로 사용 전에 패치 테스트가 필요하다.		피부에 부착하기 어려운 특징이 있지만, 분자가 작아서 색 유지감은 그다지 좋지 않다.	피부병에 대한 염려는 적지만, 피부에 닿으면 잘 지워지지 않으므로 주의한다.	알레르기 반응은 일으키지 않지만, 피부에 자극을 주지 않도록 주의한다.
염료의 종류	산화 염료 직접 염색		HC염료 염기성 염료 디스파 염료	산성 염료(쿨계)	

1) Temporary color(일시적 컬러)

모발 표면에 색을 입히는 것으로 입자가 크기 때문에 표피층을 뚫고 들어가지 못하고 한 번의 샴푸로 완전히 씻겨 나간다.

■ **특징**

일시적 착색만 가능하며 여러 가지 컬러로 하이라이트를 줄 수 있고 흰머리를 일시적으로 커버한다.

- 염료가 모표피에 물리적으로 강하게 흡착되어 색소를 씌운다.
- 헤어의 명도를 높일 수 없다.
- 사용하기가 편하다.
- 암모니아나 산화제가 들어 있지 않다.
  ㉮ 헤어 마스카라, 컬러 스프레이, 컬러무스, 컬러젤 등이 있다.

2) Semi – permanent color

반영구적인 염색으로 코팅컬러, 산성컬러가 여기에 속하며 제 1제만으로 구성되어서 직접컬러(direct color)라고도 한다.

■ **특징**

- 염색 도포 후 4~6주 정도 지속된다.
- 밝은 색으로 변환이 되지 않는다.
- 염색분자 입자가 작은 분자, 큰 분자로 혼합되어 작은 분자는 큐티클 안에 침투하여 조금 오래간다.
- 백모는 10~30% 커버한다.
- 색상이 선명하다.
- 단점 : 염색 종류가 한정되어 있다.
- pH는 2.5~4 정도
- 이온결합하여 색이 나온다.
- 휘발성보다는 염착성이 강하다. 암모니아가 거의 없다.

3) Demi – permanent color

암모니아가 없는 산화 염모제, 중성컬러라고도 한다. pH는 6~8 정도, 다운 전용

■ **특징**

- 색상은 6~8주 정도 지속된다.
- 제 1제와 2제를 혼합해서 사용
- 백모커버는 50% 정도
- 산화제(3%)와 암모니아가 약하여 탈색작용은 활발하지 않아 모발은 밝아지지 않는다.
- 컬러작용은 색조만 어둡게 염색되며 밝게는 할 수 없다.
- 자연적으로 색이 퇴색되어 바랜 모발에 색상의 선명도와 윤기를 주려고 할 때
- 명도는 바꾸지 않고 햇빛에 보이는 색조(반사빛)를 원할 때
  ㉄ 웰라 컬러터치, 로레알 리체스다이아 칼라

4) Permanent color

산화염모제, 알칼리염모제, pH는 9~10 정도

■ **특징**

- 1제인 염모제와 2제인 산화제의 혼합으로 사용
- 지속력은 영구적
- 백모커버 100%
- 1제에 암모니아 함유
- owlight, high hight 가능

(1) 산화염모제의 구성

■ 1제 : 염료중간체, 암모니아, 향료, 트리트먼트 등 함유

■ 2제 : 과산화수소수

■ 과산화수소수농도

분류		LEVEL
10vol	3%	착색 가능
20vol	6%	레벨업, 백모 커버, 일반산화염모제
30vol	9%	레벨업, 손상이 심하다
40vol	12%	레벨업, 손상 가장 심하다.

구분	일시적 염색	반영구적 염색	준영구적 염색	영구적 염색
지속 시간	· 일시적, 일회의 샴푸로 지워진다.	· 보통 4~6주 지속되나 모발의 손상도가 크고, 샴푸 횟수가 잦을수록 지속 시간이 짧다.	· 보통 4~6주 지속되나 모발의 손상도 클수록 시간이 짧아진다.	· 거의 영구적이나 모발의 손상도가 클수록 빨리 퇴색된다.
사용되는 염모 및 주 용도	· 컬러 스프레이, 컬러 무스, 컬러 린스, 컬러 젤 등 · 백모 커버, 패션 컬러 연출	· 산성 염모제 · 패션 컬러 연출	· 염기성 염모제 · 백모 커버	· 산화 염모제 · 백모 커버, 패션 컬러 연출
장점	· 모발 손상이 없다. · 모발 색상에 변화를 주기 쉽다. · 다양하고 특이한 색상 표현 · 사용법이 간단	· 모발 손상이 없다. · 탈색과 병행하여 다양한 색상을 표현 · 신생모와의 색상 차이가 크게 나지 않는다.	· 영구염모제에 비하여 모발 손상이 적다.	· 색조와 명도의 변화를 동시에 가져온다. · 백모 염색 시 100% 커버된다. · 색상 지속력이 길다.
단점	· 마찰에 의해 색소 소실 · 땀이나 수분에 의해 쉽게 지워진다.	· 장기간 사용 시 모발이 뻣뻣해진다. · 색조를 더할 뿐 명도를 밝게 하지 못한다. · 샴푸 시 색소가 빠진다. · 손이나 옷에 묻으면 잘 지워지지 않는다.	· 모발의 명도를 높이지 못한다. · 밝은 색과 선명한 색을 낼 수 없다.	· 모발 손상이 크다. · 시술 시 두피 온도차에 의해 영향을 받아 얼룩이 생길 우려가 있다. · 신생모와 경계가 뚜렷이 나타난다. · 피부 알레르기 유도

2. 염색 시 주의사항

1) 사용상의 주의사항

① 다음의 경우에는 염색해서는 안 된다. 사용 후 피부나 신체가 과민상태로 되거나 피부이상반응(부종, 염증 등)이 일어나는 등 현재의 증상이 악화될 가능성이 있다.

- 지금까지 염모제를 사용할 때 피부이상반응(부종, 염증 등)이 있었거나, 염색 중 또는 염색 직후에 발진, 발적, 가려움 등이 있거나 구역, 구토 등 속이 좋지 않았던 경험이 있는 경우
- 피부시험(패치테스트)의 결과, 이상이 발생한 경험이 있는 경우
- 머리, 얼굴, 목덜미에 부스럼, 상처, 피부병이 있는 경우
- 생리 시, 임신 중 또는 임신할 가능성이 있는 경우
- 출산 후, 병 중, 병 후의 회복기에 있는 분, 그 밖에 신체에 이상이 있는 경우
- 특이체질, 신장병, 혈액질환이 있는 경우
- 미열, 권태감, 두근거림, 호흡곤란의 증상이 지속되거나 코피 등의 출혈이 잦고, 생리나 그 밖에 출혈이 멈추기 어려운 증상이 있는 경우

② 다음의 경우에는 신중히 사용해야 한다.

- 특이체질 또는 신장질환, 혈액질환 등의 병력이 있는 사람은 피부과 전문의와 상의하여 사용할 것
- 이 약의 첨가제로 함유된 프로필렌글리콜에 의하여 알레르기를 일으킬 수 있으므로 이 성분에 과민하거나 알레르기 전력이 있는 사람은 사용 전에 의사 또는 약사와 상의할 것(프로필렌글리콜 함유제제)

2) 염모제 사용 전의 주의

① 염색 2일 전(48시간 전)에는 다음의 순서에 따라 매회 반드시 피부시험(패치테스트)을 실시하여야 한다. 패치테스트는 염모제에 부작용이 있는 체질인지 아닌지를 조사하는 테스트이다. 과거에 아무 이상 없이 염색한 경우에도 체질의 변화에 따라 알레르기 등 부작용이 발생할 수 있으므로 매회 반드시 실시하여야 한다.

- 먼저 팔의 안쪽 또는 귀 뒤쪽 머리카락이 난 주변의 피부를 비눗물로 잘 씻고 탈지면으로 가볍게 닦는다.
- 다음에 이 제제 소량을 취해 정해진 용법대로 혼합하여 실험액을 준비한다.
- 실험액을 앞서 세척한 부위에 동전 크기로 바르고 자연건조 시킨 후 그대로 48시간 방치한다.(시간을 잘 지킨다.)
- 테스트 부위의 관찰은 테스트액을 바른 후 30분, 그리고 48시간 후 2회를 반드시 행하여야 한다. 이때 도포부위에 발진, 이상이 있는 경우에는 손 등으로 만지지 말고 바로 씻어내며 염모를 해서는 안 된다.
- 48시간 내에 이상이 발생하지 않는다면 바로 염모해도 된다.

② 눈썹, 속눈썹 등은 위험하므로 염색하지 말아야 한다. 염모액이 눈에 들어갈 염려가 있다. 그 밖에 두발 이외의 부위에는 염색하지 말아야 한다. 피부에 염증이 일어날 수 있다.

③ 면도 직후는 염색하지 말아야 한다. 피부에 상처를 입을 염려가 있고, 자극 등을 쉽게 받는다.

④ 염모 전후 1주간은 파마, 웨이브(퍼머넌트웨이브)를 하지 말아야 한다. 머릿결이 상하거나 색이 빠질 수 있다.

3) 염모 후의 주의

① 머리, 얼굴, 목덜미 등에 발진, 발적, 가려움, 수포, 자극 등 피부의 이상 반응이 발생한 경우, 염증부위를 손으로 긁거나 비비지 말고 바로 피부과 전문의의 진찰을 받아야 한다. 임의로 의약품 등을 사용하는 것은 삼간다.

② 염모 중 또는 염모 후에 속이 안 좋아지는 등 신체 이상을 느끼면 의사와 상담해야 한다.

4) 보관상의 주의

① 어린이들의 손에 닿지 않는 곳에 보관해야 한다. 잘못하여 마시거나 먹을 경우 매우 위험하다.

② 고온이나 직사광선을 피하여 서늘한 곳에 보관해야 한다.

③ 사용 후 혼합하지 않은 액은 직사광선과 공기의 접촉을 피하여 서늘한 곳에 보관해야 한다.

3. 염료

1) 산화염료

구분	색조	독성
파라페닐렌디아민	흑색	++++
파라톨루엔디아민	다갈색~흑갈색	++
모노니트로페닐렌 디아민	적색	++
메타아미노페놀	적색	++
파라아미노페놀	다갈색	++
올소아미노페놀	황갈색	+
4아미노2페놀설폰산	블론디	-
2니트로4아미노페놀	오렌지	+
파라아미노디페닐아민	흑자색	+++
페닐렌디아민	청보라색	++

4. 천연 염료

천연염료는 대부분이 식물염료로서 고등 식물의 뿌리, 잎, 줄기, 꽃, 열매, 이끼 등에 함유된 색소를 이용하여 염색에 사용한다.

1) 식물성 염료(vegetable dyes)

식물성 염료는 현재까지 약 2,000여 종 이상 알려져 있어 천연염료 중 가장 많이 이용되고 있다. 염료는 뿌리나 잎, 줄기, 열매, 뿌리 등에서 추출하여 얻는 것으로 한 가지 색상만으로 염색되는 단색성 염료(monogenetic colors)와 색소의 색상과 관계없이 매염제의 종류에 따라 색상이 발현되는 다색성 염료(polygenetic colors)로 나누어진다.

2) 동물성 염료(animal dyes)

연지충이라고 부르는 코치닐, 보라조개(군소), 오배자, 합환목충 등이 있으며 대부분 매염에 의해 염색되는 염료이다.

3) 광물성 염료(mineral dyes)

대개 색소가 함유된 흙이나 암석가루로서 염재에 대한 염착성이 약하고, 안료, 수지염료 제조 이외에는 많이 사용하지 않는다.

4) 색상에 따른 분류

① **황색계 염료 :** 치자, 울금

② **적색계 염료 :** 홍화, 코치닐

③ **갈색 :** 감, 상수리나무, 쑥, 황토

④ **청색계 :** 쪽, 붓꽃

⑤ **녹색계 :** 메리골드, 참쑥, 갈매나무

⑥ **흑색계:** 먹, 석류

이 중에서 모발 염색에 천연색소를 이용하여 시판되고 있는 종류로는 동물성은 오징어 먹물, 식물성은 도토리, 오디 등이 사용되고 있다.

5. 기타 염료

1) 헤나(henna)

열대성 관목인 로소니아 이너미스(Lawsonia inermis L.)의 잎을 따서 말린 다음 가루로 만든 염색제이다. 보통 초록빛이 도는 갈색 가루이며, 물과 섞어 진흙처럼 개어서 사용한다. 레몬 주스나 에센셜 오일(essential oil) 등을 섞어 잎에서 염료를 추출하기도 한다.

헤나 나무는 이집트가 원산지이며, 파키스탄·인도·네팔 등에서 자란다. 기온이 높고 건조한 지역에서 자라며, 크기는 2~3m이다. 오래전부터 잎은 모발 염색이나 문신 등에 사용하였고, 꽃은 향수의 원료로 이용하였다. 또 살균 효과가 있어 피부병 등에 약재로도 쓰인다.

모발의 염색 작용은 잎에 함유된 로소니아 성분 때문이며, 붉은색이 도는 갈색으로 염색된다. 또 머리카락에 윤기를 더하는 효과도 있다. 문신을 할 경우에는 피부에 어두운 갈색으로 물들며, 일주일 정도 지나면 흔적이 사라진다. 인도에서는 멘디(mehndi)라고 하여 여성들의 손이나 발에 헤나로 문신을 한다. 서유럽에서는 1990년대 후반부터 헤나가 패션으로 자리 잡았으며, 최근 우리나라에서도 젊은 층을 중심으로 유행하고 있다.

2) 월넛(walnut)

월넛(호두) 염색젤은 어두운 갈색 모발을 원할 때 사용한다. 천연원료를 주 성분으로 하여 염색 후 모발에 손상을 주지 않으며, 사용이 간편하고, 빠른 염색을 도와주고, 가장 부드럽고 효과적이며 안전하고 자연성분만으로 만들어진 천연 염색젤이다. 또한 모발에 영양을 공급하는 보호기능이 첨가된 제품으로 건강모발로 회복시켜 주며, 자연의 색상으로 나타내 준다. 약 30분 동안 마른 모발에 골고루 발라 가볍게 빗질하여 효과가 나타날 때까지 기다렸다가 가볍게 샴푸하여 충분히 헹구어 낸다.

3) 인디고(indigo)

땅비싸리속(Indigofera)과 대청속(Isatis) 식물에서 얻어 사용했던 건염 염료이다.

- 인디고 – 인디고틴이 함유된 식물을 지칭할 때 앞에 붙이는 식물
- 콩과 식물의 하나 – 유럽인의 눈에 비친 인도에서 유래
- 쪽(polygonum indigo) 식물 〉 꽃과 풀 〉 쌍떡잎식물강 〉 마디풀목 〉 마디풀과 〉 여뀌속
- 붉은(자주)색의 가루 – 산화 – 청색
- 청출어람(青出於藍)

4) 캐모마일(camomile)

꽃은 견뢰도가 우수한 염재이다. 긴장 완화, 갱년기 장애, 진정에 효과적이고, 피부 탄력을 높이며 사과향 같은 향이 있는 영국 원산의 국화과 허브 식물이다.

5) 연지벌레(cochineal insect)

색조화장품의 원료가 되는 연지벌레 암컷의 몸통을 말린 다음 가루로 만들어 추출, 제조과정 중 카르민산이라는 물질을 생성하는데 이는 장염과 알레르기 유발, 과민성 쇼크, ADHD(주의력 결핍, 과잉행동장애) 유발 등 최근 안정성의 논란이 일고 있다.

- 산성, 중성, 알칼리 – 주황, 붉은, 보라
  예) 딸기우유
- 코치닐(식품 착색제로 쓰이는 선홍색 색소) — 영국의 과잉행동장애아동 지원단체(HACSG)에서는 코치닐색소를 '어린이 음식에 넣으면 안 될 물질'로 명시

6) 안티몬(antimon)

- 검은 색의 대표
- 청백색의 광택이 나는 금속 원소. 주로 휘안광(輝安鑛)으로 산출하며, 잘 부스러진다.
- 활자 합금, 도금, 반도체 따위의 재료로 쓴다.

6

Hair Coloring Technic

헤어 컬러링 테크닉

1. 준비과정

1) 카운슬링(Counseling)

질문과 관찰

고객의 라이프스타일과 얼굴의 생김새, 좋아하는 색상 등을 고려하여 상담한다.

2) 헤어 체크(Hair Check)

모발진단

컬러링을 하기 전에 다음 사항에 대하여 주의한다.

■ **두피 체크**

염모제와 탈색제의 주성분은 알칼리와 과산화수소 등 여러 화학제품이 포함되어 있으므로 습진, 피부염, 상처 등의 트러블이 없는지 확인한다.

■ **모발 체크**

모발에는 기존 염색에 의한 여러 흔적이 남아있기 때문에 정확한 모발진단이 필수적이다. 고객과의 대화를 통해 고객기록카드에 자세히 기록한다.

① 문진(問診) : 손님에게 묻는다.
② 시진(視診) : 눈으로 보고 확인한다.
③ 촉진(診診) : 만지고 확인한다.

굵은 모발, 단단한 모발, 발수성모, 검은 모	· 붉은 색이 나타나기 쉽다. · 밝게 되기 어렵다.
얇은 모발, 부드러운 모질, 흡수성모, 밝은 모	· 황색이 나타나기 쉽다. · 밝게 되기 쉽다.

3) 고객의 동의

상담을 통한 모든 내용을 시술함에 있어 고객도 동의하여야 한다.

2. 테크닉의 결정과 시술

1) 계획

인공색소의 잔재여부와 모발의 밀도, 길이를 보고 제품을 선택하고 양을 결정한다.

2) 일치성

- **일치성이 있는 경우 :** 금색 → 오렌지색 → 적색 → 자주색
- **일치성이 없는 경우 :** 차가운 색 → 따뜻한 색

3) 주의점

- 모발의 명도나 기존색의 채도를 파악한 후 조제한다.
- 차가운 색조나 따뜻한 색조를 같이 혼합할 경우 색상이 탁해지므로 피한다.

4) 패치테스트(Patch test)와 진단

영구 염모제 사용 시 염료제의 성분인 유도성디아민계 염료에 의한 알레르기 유무를 알아보는 과정이다. 패치테스트의 방법은 사용할 염모제를 산화제와 혼합하여 귀 뒤나 팔 안쪽에 48시간 전 소량의 헤어컬러를 도포하는 것이다. 이상 증상이 없다면 사용이 가능하지만 가려움증이나 붉은 반점이 생긴다면 사용하지 않도록 한다.

5) 스트랜드 테스트

실제 시술에 들어가기 전에 모발의 상태와 색을 사전에 체크하기 위해서 시술한다.

6) 블로킹과 슬라이스(Bolcking & slice)

원만한 작업 진행을 위하여 미리 블로킹을 한다.

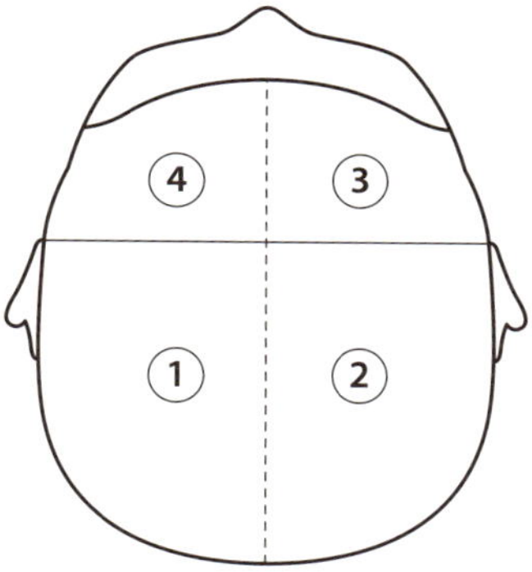

4 블록

귀에서 귀까지(Ear to Ear), 센터 파트로 나눈다.

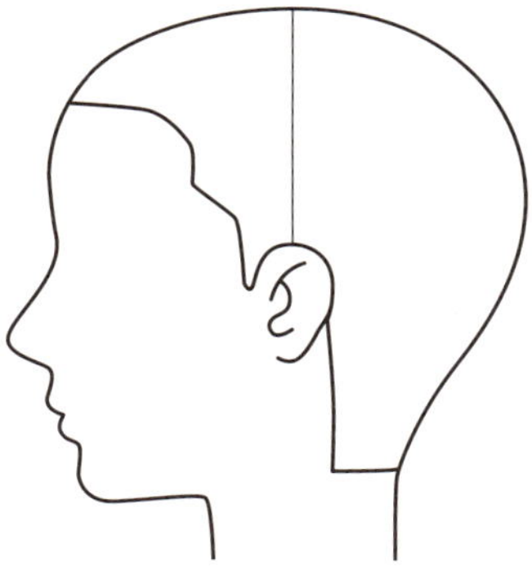

가로, 세로 슬라이스

중간부터 모선을 도포하는 경우, 두피로부터의 거리, 슬라이스의 각도 등을 유지하기, 용이해진다. 특히 뿌리 부분을 도포하는 경우 등에 사용한다.

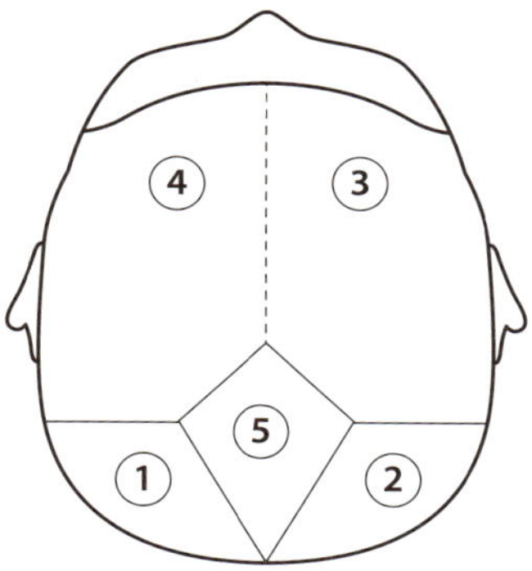

5블록

밝은 약제를 사용하는 경우, 머리 윗부분이 너무 많이 염색되지 않도록 5블록으로 나누어 도포한다.

(1) 도포 시 블로킹과 슬라이스

헤어 컬러는 다음과 같은 요인에 의해 영향을 받는다.

- **시간 :** 시간에 따라 염착이 좌우된다.
- **온도 :** 온도가 높으면 반응이 빨라진다.
- **도포량 :** 많을수록 잘 염착된다.

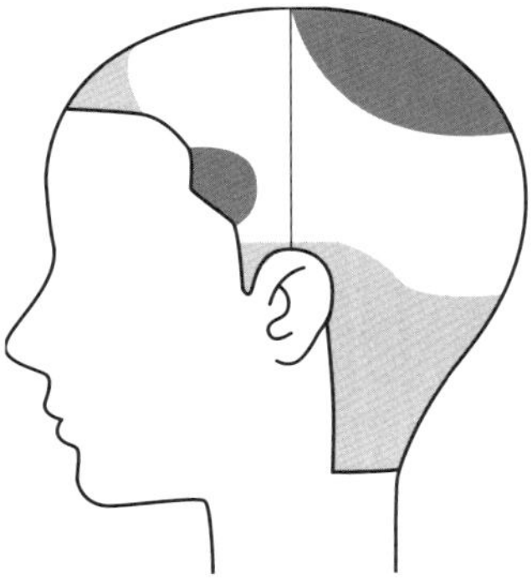

머리 부분에 따라서도 염착이 변하므로 도포량과 시간으로 조절한다.

염색되기 쉬운 부분

염색되기 어려운 부분

3. 기본테크닉

1) 반영구 염모제의 시술 과정

① 상담 및 모발진단

② 고객준비

③ 블로킹

④ 컬러도포

⑤ 방치시간

⑥ 샴푸

⑦ 마무리

2) 영구 염모제의 시술 과정

① 상담 및 모발진단

② 고객준비

③ 기술선정

④ 블로킹

⑤ 약제혼합

⑥ 컬러도포

⑦ 방치시간

⑧ 컬러테스트

⑨ 유화, 샴푸

⑩ 마무리

3) 약제의 혼합

(1) 약제조합

① 금속성의 기구나 도구는 사용하지 않는다.
② 2가지 이상의 색을 혼합할 경우 헤어 컬러제를 먼저 혼합한 후 과산화수소를 혼합한다.
③ 시술 직전 혼합한다.

(2) 사용제품의 비율에 따른 결과

① 염모제 1제의 양이 많은 경우
방출산소량의 부족으로 산화작용이 떨어진다. 반사빛의 약화 또는 색상의 결과가 흐리게 나타낸다. 원하는 결과색상보다 어둡게 한다.

② 산화제의 양이 많은 경우
많은 산소의 방출로 염색제의 발색이 떨어진다. 백모의 경우 커버력이 떨어진다. 반사빛의 색상이 약화되어 쉽게 퇴색되고, 원하는 결과보다 밝게 된다.

(3) 염색의 과정

① 컬러테스트
염색의 진행정도와 결과를 확인하기 위한 테스트이다. 스트랜드를 얇게 잡아 염모제를 닦아내어 확인하거나 빛에 비추어 경계를 체크하고 발색 정도를 확인한다.

② **유화(에멀션, Emulsion)와 샴푸**

유화는 두피에 묻은 염모제를 제거하고 균일한 염색을 위해 시술한다. 염색 전용샴푸를 사용하여 모발을 헹군 다음 트리트먼트제를 사용하여 모발 손상과 퇴색을 막는다.

③ **후처리**

아름다운 컬러를 오랫동안 유지하기 위해서는 후처리가 중요하다. 후처리 제품은 모발에 수분을 공급하여 촉촉함을 유지시키고 색소의 확실한 고착과 함께 퇴색을 방지하는 역할을 한다.

4. 컬러링의 실제 - 기본적인 테크닉

1) 도포 전 준비

도포 전에 미리 필요한 것을 웨건 위에 준비해 둔다.

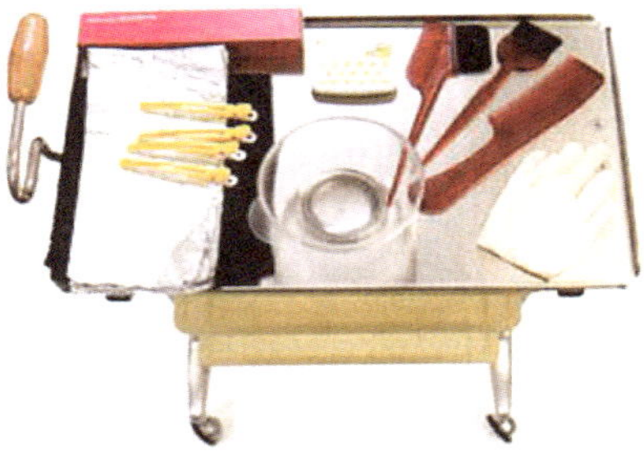

2) 브러시 잡는 방법

브러시의 뿌리 부분을 확실하게 잡는다.

약제는 빗으로 균등하게 발라준다.

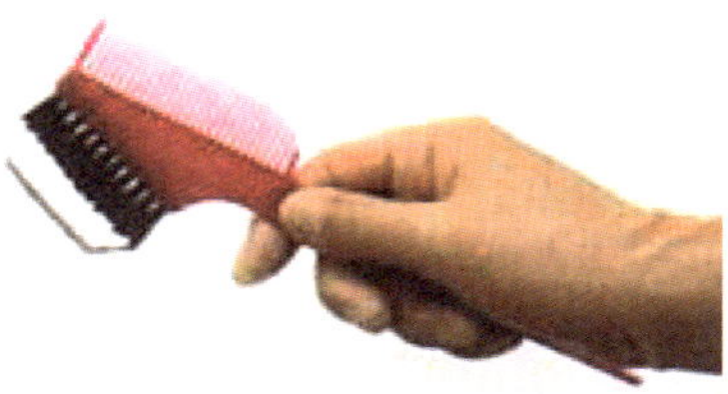

3) 염색 브러시의 각도

브러시를 눕히면 도포량이 많아지고 브러시를 세우면 도포량이 적어진다.

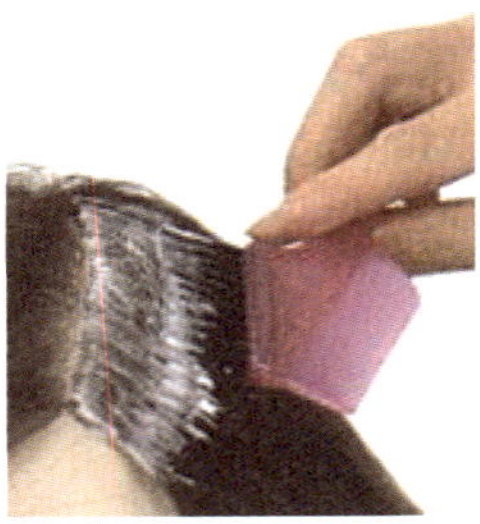

4) 염모제의 도포

■ 먼저 모발 전체 길이에서 중간~모선 끝까지 도포한다.

① 슬라이스(2~3cm)를 잡고 잘 빗질하여 모발을 정리한다.

② 스템은 두피에 대해 90°가 되도록 한다.

③ 뿌리로부터 1~1.5cm 떨어뜨려 도포한다. 슬라이스 뒤까지 약제가 골고루 발라지도록 확실하게 눌러 도포한다.

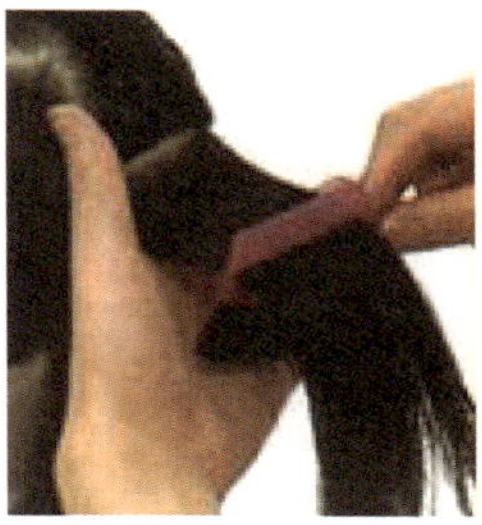

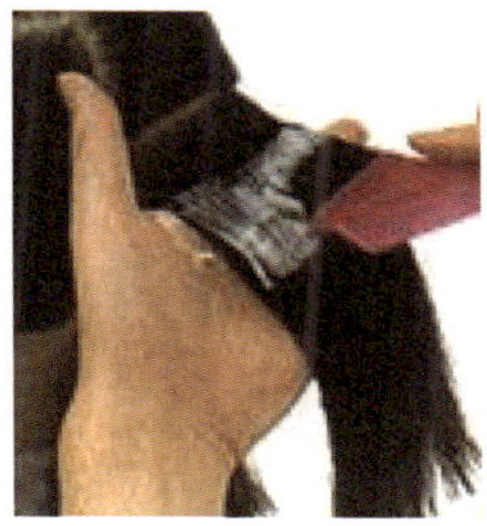

④ 손가락으로 약제를 균등하게 도포되도록 정리한다.

⑤ 뿌리 부분을 살짝 띄워 방치한다.

■ 모근 부위에 도포한다.

⑥ 뿌리 부분의 도포는 약제가 겹쳐 발라지지 않도록 빗을 세워서 도포한다.

⑦ 핸드 팔레트를 사용하여 도포량을 조절한다.

⑧ 크로스 체크를 하여 도포 얼룩이 없도록 빗으로 도포량을 조절한다.

⑨ 자연방치한다.

5. 영구 염모제의 기술

1) 버진헤어

(1) 현재 색상보다 어둡게 하기 – 원터치(ONE TOUCH)

① 뿌리부터 모선까지 원터치로 도포하고, 30~40분간 방치한다.

(2) 현재 색상보다 밝게 하기 – 투터치(TWO TOUCH)

■ 버진헤어를 현재상태보다 1~2 level 밝게 한다.

① 중간~모선에 도포하여, 10~15분간 방치한다.

② 뿌리부분을 도포하여, 다시 10~15분간 방치한다.

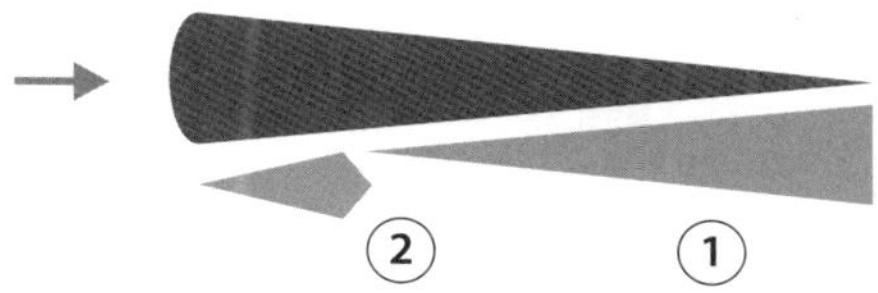

2) 재염색

(1) 리터치(신생부가 3센티 이하)의 경우

① 뿌리부분의 신생부에 도포하고, 15~30분간 방치한다.

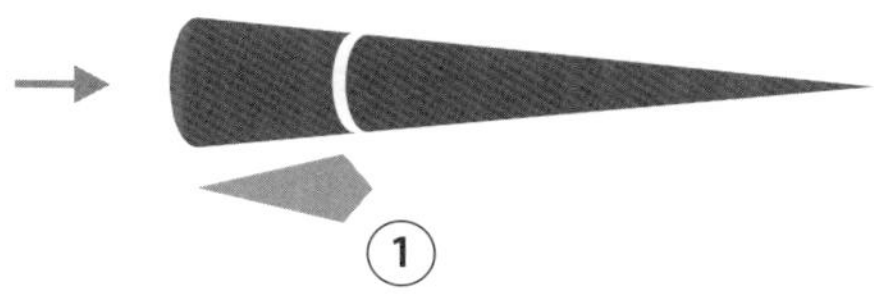

(2) 일치성이 없는 경우의 염색(지우기)

현재 모발의 명도와 희망색의 명도는 같으나 모발의 색에 일치성이 없어서 기존 색소를 제거하고 희망색을 새로이 염색할 때 쓰이는 시술방법이다. 지우기는 탈색제를 이용한 가벼운 마사지를 통해 모발의 인공적인 기여색소를 빠져나오게 하는 방법이다.

(3) 일치성이 없는 경우의 염색(닦아내기)

지우기 방법과 마찬가지로 현재 모발의 색과 일치성이 없거나 기존 색소를 제거할 때 쓰이지만, 약 1~3단계 레벨업 효과를 볼 수 있다는 것이 특징이다. 자연색소를 밝게 하는 것은 쉽지만, 인공색소에 의해 어두워진 모발을 밝게 하기는 까다롭게 때문에 닦아내기 방법을 미리 시술한다. 닦아내기 방법을 시술한 후 원하는 색상으로 염색한다.

3) 컬러 체인지

기염부와 희망색의 일치성이 없는 경우 탈염의 과정을 거쳐 새로운 색상으로 컬러 체인지한다.

4) 보색중화

원치 않는 색의 보색을 찾아 내추럴로 컬러 체인지하는 방법이다.

(1) 반영구염모제를 이용한 보색중화

레드 컬러를 한 고객이 브라운 컬러를 희망할 경우 고객이 원치 않은 색상의 보색과 클리어(Clear) 혼합으로 농도를 조절하여 시술한다.

(2) 영구염모제를 이용한 보색중화

레드 컬러를 한 고객이 같은 명도의 브라운 컬러를 희망할 경우 고객이 원하는 브라운과 보색을 이용하여 시술한다.

Type of Dyeing

염색의 종류

1. 염색의 종류

1) 염모제의 성분별 분류

(1) 금속성 염모제

금속성 염모제는 아연, 철, 카드뮴, 동 등의 화합물로서 대부분 유독한 성분을 가지고 있다.

(2) 식물성 염모제

식물성 염모제는 헤나나 캐모마일 등의 식물의 꽃, 열매, 뿌리에서 추출한 염료 가루를 뜨거운 물과 함께 개어서 사용한다.

(3) 유기합성 염모제

유기합성 염모제는 파라페닐렌디아민 및 비슷한 종류의 아미노 화합물에 산화제를 혼합해 사용한다.

2) 금속성 염모제

금속성 염료는 흰머리를 위하여 색을 회복하거나, 점진적으로 어둡게 모발을 물들일 때 사용된다. 이 염료는 모발에 빗질 후 시간이 지남에 따라 점차적으로 모발의 색이 바뀌게 된다. 금속성 염료는 모발에 염색의 막이 이루어지고, 침투됨에 의해 작용하는 것이다. 이 염료는 어둡고, 아무런 광택도 없는 부자연스러운 색을 생성한다. 모발의 느낌은 뻣뻣하고 건조하며 이상한 색조로 색이 변한다.
은(Silver)을 포함한 금속성 염료는 푸르스름(Greenish)한 빛을 띠게 하고 구리(Copper) 성분은 타는 듯한 붉은 색조를, 그리고 납(Lead) 성분은 보랏빛을 띠게 된다.

금속성 염료로 시술한 모발은 퍼머넌트 웨이빙(Permanent Waving), 혹은 그 밖의 다른 모발 염색에 적합하지 않은 반응을 보이게 할 수 있다. 이와 같이 전문적인 화학적 시술을 시행할 때는 금속성 염료, 식물성 염료를 사용한 모발은 반드시 염료를 제거한 다음에 적용하여야 한다.

모발의 염착력이 매우 뛰어나 한번 염착이 이루어지면 탈색제로도 쉽게 지워지지 않는 염모제로 인체에 유해하며(신장기능에 이상) 염색 후에는 다른 화학적 서비스(Permanent Wave, Color)가 불가능하다. 일반적으로 식약청에서 고시된 염료로 초산납 황산철 등을 사용하며 금속산화 방법으로 염착이 이루어진다.

3) 식물성 염모제

식물성 산화염모제는 풀이나 꽃과 같이 다양한 식물에서부터 모간의 표면에 염색막을 만들면서 축적되는 염모제이다. 과거에는 쪽(Indigo), 카밀레(Camomile), 세이지(Sage), 이집트산 헤나(Henna) 그 밖에 여러 가지 식물이 모발을 염색하는 데 쓰였다. 헤나(Henna)는 가장 공통으로 쓰이는 식물성 염료이다. 아직도 전문적인 머리 염색제로 쓰이고 있으나 주의를 기울여 사용해야 한다.

이것은 로소니아 이너미스(Lansonia Inermis)의 잎에서 녹색가루로 만들어지는데, 관목으로 처음 북아프리카(North Africa), 인도(India) 그리고 스리랑카(Srilanka)에서 발견되었다. 이 헤나는 단지 붉은색을 가지고 있다. 그러나 그 밖의 다른 식물성 염료와 혼합했을 때(예 : 호두껍질이나 쪽(Indigo)) 헤나는 붉거나 갈색 혹은 검은 색조를 띠게 된다. 헤나 제품의 시술은 모발의 색을 칙칙하고 깨끗하지 못하게 한다. 헤나나 헤나의 혼합물은 색의 질이 떨어지며, 계속해서 되풀이 사용될 경우 지나친 주황빛을 유발시키고 건조하며 뻣뻣한 모발을 만든다. 또한 헤나는 모발에 막을 형성하면서 과용할 경우 모발에 축적되어 다른 화학 약품의 침투를 막을 수가 있다. 헤나는 모피질에 침투하여, 화학적 시술인 퍼머넨트웨이빙(Permanent Waving), 반영구적 염색, 영구적 염색의 아닐린 염료(Aniline Dye)가 잘 이루어지지 않는다.

(1) Henna Color(Chemical Type)

헤나 염모제는 크게 2가지로 나눌 수 있다. 하나는 산화염료를 혼합하지 않은 순수한 헤나로 두피 등에 트리트먼트 효과를 부여하거나, 짙은 오렌지색으로 염색시킬 수 있고, 다른 하나는 산화염료를 사용하여, 다양한 색감을 표현할 수 있는 화학적 헤나 파우더이다.

- 허브의 일종
- 원산지 : 인도가 가장 유명하며 네팔, 파키스탄, 북아프리카, 이집트 등에 분포한다.
- 미라 손톱의 매니큐어로 사용되었고, 클레오파트라가 사용했다.
- 인도 : 해열, 피부병에 효과가 있고 일반적으로 모발 트리트먼트의 효과가 있다.

(2) 헤나의 종류

① Natural계(Non Chemical)

■ Natural

- 헤나 중에서도 가장 발색력이 좋다고 알려져 있다.
- 그라인드 횟수를 늘려 아주 미세한 파우더로 제조된다.
- 완성 컬러는 Deep Orange이다.

■ Clear

- 추출물을 함유한다.
- 미량 혼합하여 장시간 가온하면 엷게 컬러를 나타낸다.

■ Indigo Blue

– 시간이 지나면 청색이 강해진다.

② Chmical계(의약외품) – 영구적 염모제(산화염모제)

– 색소 중간체와 커플러의 혼합된 형태이다.

– 반드시 패치테스트가 필요하다.

– 시술 후 3~4회 정도는 샴푸 시 탈색된다.

– 모발을 말리지 않으면 옷 등에 컬러가 묻는 경우가 있다.

> ※ 헤나(Henna)
>
> 헤나는 제조한 계절에 따라 원하는 색이 나오지 않을 수 있다.
>
> 헤나는 재배 지방에 따라 색상이 달라질 수 있다.
>
> 헤나는 잎의 채취부위에 따라 색상이 달라질 수 있다.
>
> 헤나는 일본에서 한 번 정제된 것이 가장 일반적이다.
>
> 헤나는 한정된 컬러이다.

(3) 헤나의 구성성분

① Chemical Type – Black Color의 유효성분과 작용

■ Henna Powder – 60.00%

염모용으로 사용되는 천연염색제로서, 문신 등에 처음 사용되었다. 발색단으로 2-hydro-1.4-naphthoquinone이 산화 발색하여 짙은 오렌지색을 낸다.

■ 과붕산나트륨(1수화물) – 31.00%

물과 반응하면 강한 산소발생을 하여, 혼합된 산화염료가 발색될 수 있게 한다. 헤나 파우더를 물과 혼합하여 시술하는 방법이 일반적인데, 이때 과붕산나트륨이 물과 반응하여 산소를 방출하게 되고, 이때 방출된 산소가 산화염료를 산화 중합시키게 되어 색을 발색하는 것이다.

■ EDTA(EDTA-2Na) - 0.20%

금속이온봉쇄제, 킬레이트제. 백색 분말, 무취, 약간 짠맛이 나며 공기 중에서 안정한 수용성 물질이다. 금속이온과 강력한 킬레이트 결합을 형성하기 때문에 제품의 변질 원인인 금속성 또는 광물성 이온을 봉쇄하여 내용물의 안정화에 기여한다.

■ p-Phenylenediamine - 1.60%

산화염료 전구체로서 어두운 명도 조절에 사용되는 물질이다.(어두운 색일수록 함량이 높아지며, 밝은 색일수록 함량을 낮추어 사용한다.)

■ Resorcinol - 0.60%

산화염료 커플러로서 p-Phenylenediamine과 반응하여 Greenish Brown의 색상으로 표현되는 물질이다.

■ m-Phenylenediamine - 1.00%

산화염료 커플러로서 Blue 또는 Black Color로 표현된다.

■ CMC-Na(Sodium Carboxylmethylcellouse) - 2.00%

점증제(점도증진제)로 산화제의 물과 반응하여 겔상의 성상을 만든다. 블리치 파우더와 산화제 혼합 시 점도가 있는 성상을 만들어 주는 주요 물질이며, 혼합된 내용물을 모발에 도포 시 흘러내리는 것을 방지하게 하는 물질이다.

■ Talc – 3.60%

반응성은 없으며, 약간의 흡습성이 있는 물질로 파우더 형태의 화장품에 일반적으로 사용되는 물질이다. 일반적으로 베이비 파우더에 사용된다.

> ※ 헤나 파우더 염모제에 여러 가지 색상은 산화염료의 조성을 달리하여 만들어 내는 것으로, 일반 알칼리 산화염모제의 염료와 매우 유사한 조성을 갖는다.

2. 산화형 염모제

■ 산화형 염모제의 구성 성분

산화 염모제는 제 1제(산화염료, 알칼리제)와 제 2제(과산화수소)로 구성되어 있으며, 제 1제는 색소가 형성되기 전의 상태인 분자량이 작은 염료 중간체, 모발의 색상을 다양하게 변화시켜 주는 염료 수정체, 모발 내부로 용이하게 침투하기 위해 모표피를 열어주는 알칼리제가 배합되어 있다. 일반적으로 암모니아(ammonia), 모노에탄올아민(monoethanolamine) 등이 사용되고 있으며, pH 9에서 pH 11의 알칼리 영역의 범위를 형성시킨다. 그리고 제 1제에는 추가로 보존 중의 염료의 산화를 방지하는 항산화제, 점증제, pH의 완충제, 계면활성제 및 용제 등이 함유되어 있다. 제 2제에는 산화제로서 과산화수소를 함유하고 있으며, 일반적으로 pH 2.5에서 pH 3.5 정도의 산성영역 pH 범위에서 보관된다. 산화염모제는 사용할 때에 제 1제와 제 2제를 혼합한 후에 사용하게 된다.

1) 염모제 제 1제(colorant)

(1) 염료 중간체(dye intermediate)

염료 중간체는 모발 또는 섬유 등에 침투하여 들어간 수용성 방향족 디아민 등의 화합물이 산화됨에 따라, 모발 또는 섬유 내에서 중합 또는 축합하여 발색하는 색소를 형성하는 염료이다. 염료 중간체인 파라페닐렌 디아민(paraphenylene diamine), 파라아미노페놀(paraaminophenol), 톨루엔디아민(toluene diamine) 등은 방향족 아미노화합물이다. 산화되기 전에는 무색이며, 2제에 의해 산화된 후 유색의 색소로 변화하여 모발에 색을 부여한다. 염료 수정체인 레조루신(resorcin), 히이드로퀴논(hydroquinone), 메타-아미노페놀(m-aminophenol), 메타-페닐렌디아민

(m-phenylenediamine) 등은 염료중간체와 반응하여 색의 농도를 진하게 하고 색상을 다양하게 변화시킨다. 국내에서는 식품의약품안전청 고시에 따라 등록된 염료중간체로 유효한 성분 49개가 등록되어 있다.

파라페닐렌 디아민(paraphenylene diamine)은 검은색, 파라트릴렌 디아민(paratrilene diamine)은 다갈색이나 흑갈색, 파라아미노페놀(paraaminophenol)은 다갈색, 올소아미노페놀(orthoaminophenol)은 황갈색, 모노니트롤 페닐렌 디아민(mononitrolphenylene diamine)은 적색, 4-아미노 2 페놀술폰산(4-amino 2-phenolsulfonic acid)은 황금색, 2 니트로 4 아미노페놀(2-Nitro-4-paraaminophenol)은 오렌지색, 레조르시놀(resorcinol)은 밝은 갈색으로 염색하는 데 사용된다.

염료 중간체의 중요 역할은 색을 표현하는 주성분으로 산화제와 알칼리제의 반응으로 생긴 산소로 인해 불용성의 고분자 화합물로 바뀌어 발색하게 하는 것이다.

(2) 팽윤제(alkaline agent)

모발 팽윤제는 모표피를 팽윤시키기 위해 알칼리제를 대부분 사용하고 있다. 알칼리제의 종류 그리고 양의 적절한 선택과 사용은 모발 속으로 염료의 침투와 색상지속력에 큰 영향을 주어 염색에 있어서 매우 중요하다.

알칼리제로는 암모니아(ammonia), 모노에탄올아민(monoethanolamine) 및 아미노메칠프로판올(aminomethyl propanol) 등이 사용되고 있다. 암모니아는 주로 사용되는 알칼리제로서 염색 효과가 우수하지만 강한 자극적인 냄새가 있어 모노에탄올아민이나 아미노메칠프로판올을 혼합 사용하는 경우도 있다. 알칼리제의 중요 역할은 모발을 팽윤시켜 염료 중간체들이 모발 속으로 쉽게 침투할 수 있도록 하며 과산화수소를 분해하여 산소를 발생시켜, 모발의 멜라닌색소를 탈색시키는 것이다.

(3) 항산화제

염색에 영향을 미치는 중요 인자로서 산화염료의 보존성을 높이고, 모발

보호성분 및 거품제 등이 포함되어 있다. 항산화제로 널리 사용되고 있는 원료로는 아스코르브산(ascorbic acid), 에리소르빈산(erythorbic acid), 아황산나트륨(sodium sulfite), 메타중아황산나트륨(sodium metabisulfite), 암모늄 티오글리콜레이트(ammonium thioglycollate) 및 삼차뷰틸하이드로퀴논(tert-butylhydroquinone) 등이 있다. 일반적으로 항산화제는 제1제에 함유되며 보존 중에 발생할 수 있는 배합된 염료 중간체의 산화를 방지하는 역할을 한다.

(4) 기타 첨가제

기타 첨가제로는 계면활성제, 보습제, 향료, 양모제 등이 있으며, pH의 상승을 억제하는 완충제도 염착 결과물의 색상 및 발색력에 영향을 준다. 암모니아와 완충이 가능한 염화암모늄(ammonium chloride)을 혼합하여 사용하면 pH의 상승을 억제하여 염색 초기에 암모니아의 휘발을 억제하여 냄새를 감소시킬 수 있다.

2) 산화제(oxidizing agent)

알칼리제와 반응하여 염색을 촉진시키는 작용을 하는 과산화수소(H_2O_2)는 모발의 멜라닌색소를 탈색시킨다. 과산화수소의 함유율이 1.5%(5 volume), 3%(10 volume)의 경우에는 주로 상처를 소독하는 데 사용되고, 6%(20 volume)는 국내에서 염색할 때 가장 많이 사용되고 있으며, 9%(30 volume), 12%(40 volume) 등의 단계가 높은 경우에는 선명한 컬러가 요구되는 헤어작품에 사용되기도 한다. 국내에서 사용되는 6% 과산화수소는 약 20 volume(volume, 기체를 측정하는 단위)의 산소를 형성한다. 1 volume의 산소를 형성하는 데 약 1분이 소요된다. 즉, 6% 과산화수소수를 가지고 멜라닌을 옥시멜라닌으로 산화시키는 데는 약 20~30분이 소요된다.

과산화수소는 불안정하고 pH가 산성(2.5~3.5)이어야 하며, 안정화시키기 위해 인산, 구연산, 유산 등을 첨가시킨다. 이는 빛과 열에 약하고 금속성분이나 유기체(박테리아) 등에 의해 쉽게 분해되거나 휘발하므로 플라스틱병이나 갈색 병에 밀봉하여 냉암 보관하며 사용한다.

(1) 브롬산나트륨

브롬산나트륨(sodium bromate)은 분자식 $NaBrO_3$, 분자량 150.91이며 식품의약품안전평가원의 독성정보에 의하면 강한 산화제로, 주로 염색 조제, 머리 파마약, 화학 약품 또는 금광에서 금을 녹일 때 브롬화나트륨(sodium bromide)과 함께 사용한다. 산화제의 브롬산을 기반으로 한 공식은 유황이나 염색액을 포함해 연속적 또는 1 회로 염색약 공정에 사용한다. 용도로 분석용 시약, 모발의 콜드 웨이브용 약품에 이용한다. 독성자료에 의하면 브롬산나트륨에 접촉 시 자극, 통증, 발적을 유발할 수 있으며, 흡입 시 기침, 호흡곤란, 두통 등이 나타날 수 있다. 따라서 호흡기, 피부, 눈에 자극을 일으킬 수 있어 각별한 주의가 요구된다.

(2) 과산화수소

과산화수소(Hydrogen peroxide)는 분자식은 H_2O_2로, 분자량 34.01이며 식품의약품안전평가원의 독성정보에 의하면 과산화수소는 쓴맛의 무취한 액체이며 유기 물질이 존재하거나 알칼리성이 되면 격렬하게 산소와 물로 분해되는 산화제이다. 용액의 강도는 백분율이나 부피로 나타낼 수 있는데 1% 과산화수소는 분해되면서 3.3 volume의 산소를 발생시킨다. 따라서 3% 용액은 10 volume, 6% 용액은 20 volume과 동등하다. 섭취하면 위장 자극이 발생하며 심각성은 용액의 농도에 따라 다르다. 10%를 초과하는 농도, 특히 30~40% 이상의 농축액을 섭취하면 심각한 자극이 일어나므로 중증인 것으로 간주해야 한다. 섭취 후 수분 이내에 사망할 수도 있다. 액체에 접촉하면 피부에 자통 및 백화가 일어날 수 있으며 중증의 각막 또는 결막 궤양이 발생하여 실명할 수도 있다. 과산화수소의 용도는 아세톤, 염소 제거제, 방부제, 벤조일 과산화물, 고무의 살충제와 밀가루, 과일, 모피, 젤라틴, 아교, 털, 상아, 비단, 비누의 표백제에도 사용된다. 그리고 부식성이 있으므로 취급 시 주의하여야 한다.

3. 1제형 염모제

1) 1제형염모제의 변천

구분	특징
헤어코팅 **1991 ~ 1997년**	· 단순 원색컬러의 시대 · 간단 새치 커버 · 대중화되지 않았지만 코팅파마로 유행
헤어 산성컬러 **1997 ~ 2002년**	· 다양한 원색컬러의 시대 · 윤기, 부드러움을 보강하지만 여전히 물빠짐이 심함
헤어 매니큐어 **2001 ~ 2006년**	· 다양한 내추럴 컬러의 시대 · 물빠짐을 보강하지만 모발이 거칠고 차후 파마시술 시 트러블이 많음
헤어 왁싱 **2007 ~ 현재**	· 내추럴 컬러의 강세 · 백모 커버율 최대치 보강 · 물빠짐 없음 · 파마트러블 없음

2) 산성염료의 염색 구조

모발은 약산성이며, 전기적으로 +의 상태가 된다. 한편, 산성염료는 -의 전하를 가지고 있다. 따라서 전기적으로 +와 -의 관계가 되며, 자석의 N극과 S극이 서로 결합하는 것처럼 염료가 모발에 결합(이온결합)되어 염색된다. 또한, 산성염료는 모발의 표면에 흡착할 뿐만 아니라 침투제를 필요로 하는 등 일부가 콜텍스의 외측까지 침투한다.

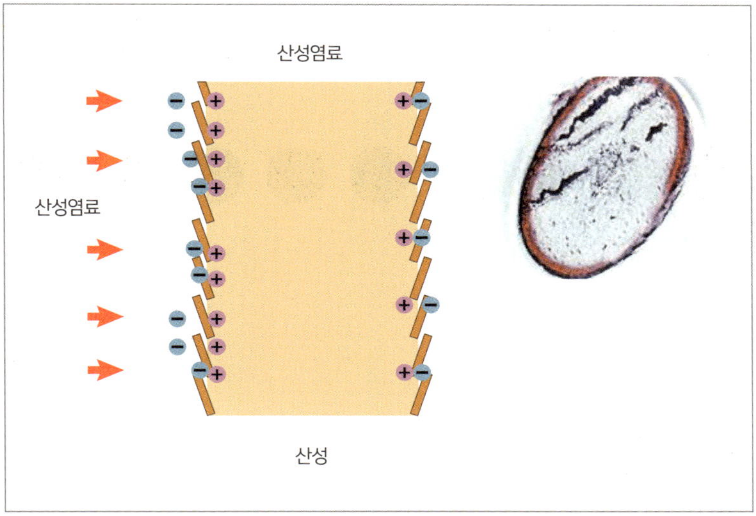

3) 1제형 염모제의 라인업

	CB	WB	BE	MT	R	K	O	G	M	A	V	P
	Cool Brown	Warm Brown	Beige	Metallic	Red	Copper	Orange	Gold	Mint	Ash	Violet	Pink
Pale	CB/P	WB/P	Be/P	MT/P								
Light	CB/L	WB/L	Be/L	MT/L	R/L	K/L	O/L	G/L	M/L	A/L	V/L	P/L
Medium	CB/M	WB/M	Be/M	MT/M	R/M	K/M	O/M	G/M	M/M	A/M	V/M	P/M
Dark	CB/D	WB/D										
Accent color				BK	R		O	Y		B	V	P
	CLR											

4) 헤어 매니큐어

음이온을 형성하는 색소(산성직접염료)를 사용하여 모발의 양이온아미노산과 결합시키는 이온결합을 이용한 염색이다. 기존의 산성컬러의 단점인 물빠짐을 개선하여 헤어 매니큐어라는 이름으로 상품화되었다.
산화형 염모제의 단점인 모발 손상을 줄이고, 원색에 가까운 염색 결과를 얻는 데 탁월한 효능을 갖고 있다.

5) 헤어 매니큐어의 유효성분과 작용(Yellow Color)

■ **정제수(Water) – 50.95%**
이온이 제거된 정제수로 화장품에 사용되는 가장 일반적인 물질이다.

■ **산성염료(Acid Yellow 1 [CI 10316]) – 0.50%**
산성염료 색상에 따라 여러 염료가 복합적으로 사용되어 색상을 얻는다.

■ **산성염료(Acid Yellow 23 [CI 19140]) – 0.20%**
색상에 따라 여러 염료가 복합적으로 사용되어 색상을 얻는다.

■ **자외선차단제, 변색방지제(Benzophenone-9) – 0.01%**
자외선을 차단하여 내용물이 자외선으로부터 산화되는 것을 방지하고, 모발 염색 이후에 자외선으로부터 모발 퇴색 및 탈색을 방지하는 것에 관여하는 물질이다.

■ **필름형성제, 점증제(Hydroxyethylcellulose) – 1.40%**
점증제로 Membrance 효과를 가지며, 코팅막을 형성하여 모발의 윤기와 부드러움에 관여한다. 점증이 이루어지면 투명한 겔상으로 변하는 물질이다.

■ **점증제(Carbomer) – 0.40%**

분자량이 긴 물질의 점증제(점도증진제)로 Membrance 효과를 가지며, 코팅막을 형성하여 모발의 흡착정도에 관여한다.

■ **컨디셔닝제(DL-Panthenol) – 0.05%**

프로비타민 B5로 모발과 피부 보습효과 및 컨디셔닝 효과가 매우 우수한 물질이다.

■ **컨디셔닝제(PEG-75 Lanoline) – 0.50%**

보습 및 부드러움, 윤기 강화에 관여하는 양털추출 라놀린이다. 지질로서 모발의 조직력 강화와 향상에 관여하는 물질이다.

■ **보습제(Propylene Glycol) – 2.00%**

글리세린과 함께 화장품에서 사용되는 가장 일반적인 보습제로 모발의 수분밸런스를 맞추기 위해 사용되는 물질이다.

■ **보습제(Sodium PCA [PCA-Na]) – 2.00%**

모발 및 피부보습제로 뛰어난 보습력을 가지며, 모발의 수분밸런스를 맞추어 윤기와 부드러움 등의 향상에 관여하는 물질이다.

■ **보습제(Glycerin) – 1.50%**

화장품에서 사용되는 가장 일반적인 보습제로 모발의 수분 밸런스를 맞추기 위해 사용되는 물질이다. 공기로부터 수분을 흡수하는 수분결합 능력으로 인해 수분을 유지하도록 돕는다.

■ **용제(Ethanol) – 15.50%**

염료의 용해 역할과 염료가 모발 깊숙이 침투할 수 있도록 하는 운반 역할을 동시에 하는 물질로 사용된다. 항박테리아, 수렴제로도 사용한다.

■ **색소용해제(Benzyl Alcohol) – 6.50%**

색소의 완벽한 용해를 도우며, 분자량이 큰 색소를 모발 깊숙이 침투시켜 주는 역할을 하는 물질이다.

■ **색소용해제(NMP [N-Methylpyrrolidone]) – 6.50%**

색소의 완벽한 용해를 도우며, 염료를 순수한 분자 단위까지 용해시켜 주는 역할을 하는 물질이다.

■ **pH조절제(Glycolic Acid) – 4.00%**

내용물의 pH를 강산성으로 조절하여 주며, 모발에 양이온을 형성하는 아미노산의 활성을 높이는 역할을 하는 물질이다. 기초화장품 중에서 박피에 사용되는 강산성 물질이기도 하다.

■ **pH조절제, pH조절완충제(Glycolic Ammonium) – 4.24%**

글리콜산(Glycolic Acid) 단독 사용 시에 pH가 매우 낮아지는 이유로 인해 함께 사용되는 물질이다.

■ **모발유연제(Dimethicone Copolyol) – 0.50%**

실리콘(수용성 품목으로 사용되며 윤기에 관여한다.)

■ **컨디셔닝제(Henna Ext.) – 1.00%**

부드러움, 윤기, 보습, 컨디셔닝 효과에 관여하는 물질이다.

헤나는 열대성 관목인 로소니아 이너미스(Lawsonia inermis L.)의 잎을 따서 말린 다음 가루로 만든 염모제이다. 보통 초록빛이 도는 갈색 가루이며, 물과 섞어 진흙처럼 개어서 사용하기도 한다. 헤나 나무는 이집트가 원산지이며, 파키스탄·인도·네팔 등에서 자란다. 기온이 높고 건조한 지역에서 자라며, 크기는 2~3m이다. 오래전부터 잎은 모발 염색이나 문신 등에 사용하였고, 꽃은 향수의 원료로 이용하였다. 또 살균 효과가 있어 피부병 등에 약재로도 쓰인다. 모발의 염색 작용은 잎에 함유된 로소니아 성분 때문이며, 붉은색이 도는 갈색으로 염색된다.

■ **방부제**(Methylchloro Isothiazolinone/Methyl Isothiazolinone) – 0.05%

제품의 안전성에 관여하는 물질이다.

■ Hydrolyzed Keratin – 0.50%

케라틴(Keratin)은 콜라겐(Collagen)과 같은 구조의 단백질로서 사람 피부의 각질, 모발, 손톱을 구성하며, 특히 모발의 80% 이상을 구성하고 있다. 다른 단백질에서는 거의 보이지 않는 시스틴(Cystine)을 함유하며, 이온성이 높은 산성아미노산, 염기성아미노산의 함유량이 콜라겐의 1.5배이다. 또한, 케라틴은 S-S가교(Disufide 결합)에 의해 펩타이드(Peptide)가 가교(closs-linked)한 특징이 있는 분자구조를 나타낸다. 그렇기 때문에 1분자 중 말단관능기(아미노기, 카르복실기)가 많아진다. 그 결과 모발에의 흡착력을 발휘해서 모발에 인장력과 탄성을 주는 역할을 한다. 강한 트리트먼트 효과로 헤어 팩, 린스, 파마 등에 가장 일반적으로 사용되는 물질이다.

■ Hydrolyzed Collagen – 0.20%

콜라겐은 피부를 구성하는 단백질의 주성분으로서, 몸의 형태유지에 중요한 역할을 한다. 특히 포유류에 존재하는 모든 단백질의 1/3을 구성하고 있으며, 구성하는 아미노산의 특징으로는 콜라겐에만 있는 하이드로옥시프롤린(Hydroxyproline)을 가지고 있기 때문에 상당히 높은 보습효과를 발휘한다. 그렇기 때문에 모발과 피부에 촉촉함을 주는 역할을 한다. 강한 트리트먼트 효과로 헤어 팩, 린스, 파마 등에 가장 일반적으로 사용되는 물질이다.

■ **Hydrolyzed Silk – 0.30%**

Silk Protein은 피브로인(Fibroin)이라는 섬유상의 단백질(Fibrous Protein)과 세리신(Sericin)이란 검상의 부정형단백질(amorphous)이 접착되어 하나의 섬유로 이루어져 있다. 피브로인의 아미노산 조성은 분자량이 적은 화학구조가 비교적 단순한 글리신(Glycine), 알라닌(Alanine), 세린(Serin)이라 불리는 아미노산이 거의 80% 이상 있어 시트(Sheet)상 구조를 하고 있다. 그렇기 때문에 아미노산을 갖고 있는 높은 친수성으로 뛰어난 보습 효과를 가진다. 강한 트리트먼트 효과로 헤어 팩, 린스, 파마 등에 가장 일반적으로 사용되는 물질이다.

■ **가용화제(Polyoxyethylene Nonyl Phenyl Ether) – 0.80%**

제품의 가용화 및 향분산에 관여하는 물질이다.

■ **향료(Perfume) – 0.40%**

※ 산성염료는 음이온을 형성하고 있는 직접염료로 강한 양이온과 이온결합을 하게 된다. 모발의 제품들 중에서 강한 양이온을 가지는 대표적 제품이 실리콘을 사용하는 헤어 에센스인데 헤어 매니큐어 시술 후 실리콘 성분의 헤어 에센스를 도포할 경우 모발에 흡착되었던 산성염료가 헤어 에센스에 재흡착되어 샴푸닝 시 세척되는 경우가 빈번하다.(물빠짐의 원인이 될 수 있다.) 이 때문에 매니큐어 시술 후 에센스의 사용은 가급적 피하는 것이 좋다.

4. 탈색(Bleach / Lightning / High light)

탈색이란 모발 내의 자연멜라닌을 산화, 분해, 파괴, 제거하여 모발의 명도를 올려서 밝은 색으로 변화시킨다.

1) 탈색의 종류

(1) 크림형

알칼리제(암모니아)에 라놀린을 첨가하여 크림상으로 만들었기 때문에 모발손상이 비교적 적고 탈색제가 잘 건조되지 않아 지속력이 길다. 탈색 진행 정도를 확인하기 어려운 단점이 있다.

(2) 오일형

알칼리제(암모니아)에 유황유를 혼합하여 두피자극과 모발손상이 비교적 적다. 단점으로는 탈색속도가 느리고, 높은 명도까지 탈색이 어렵기 때문에 거의 두발을 연화시키는 데 사용된다.

(3) 분말형

알칼리제(암모니아)에 과붕산나트륨, 과황산암모늄과 같은 산소의 발생을 도와주는 보조제와 표면활성제를 첨가하여 작용반응이 강하다.

2) 탈색제의 구성성분

(1) 알칼리제

- 모표피를 팽윤, 연화시켜 탈색제가 모피질로 침투하도록 돕는다.
- 산화제의 분해를 촉진하여 산소발생을 돕는다.

(2) 과산화수소수(H_2O_2)

산소를 발생하여 모피질 내 자연멜라닌을 파괴하여 탈색시킨다.

(3) 제 1제(Hair Bleach)

탈색제는 모발 중의 멜라닌색소를 산화 분해하여 모발을 탈색하는 것이다. 2화합물 형식의 것이 많으며, 1제 화합물에 알칼리제, 2제 화합물에는 과산화수소수가 배합되며 사용 시 혼합한다.
강력한 블리치제로서 부스터(촉진제)를 첨가하고, 피로아황산소다를 1제 화합물에 넣어 산화환원의 반응열을 이용하는 형식도 있다.

(4) Bleach Powder의 유효성분과 작용 – 과황산암모늄(Ammonium Persulfate)

■ **산화제**(Ammonium Persulfate[$(NH_4)_2S_2O_8$]) – 44.00%

주성분이며, 강한 산소 발생기를 보유하고 있어서 모발의 멜라닌색소를 산화시킨다. 산화제에 함유된 물, 과산화수소수 등과 만나면 반응을 시작하며, 산소를 방출시킨다.

[참고] 강한 산소 발생기는 물과 만나면 산소를 방출한다.

■ **산화제**(Potassium Persulfate[$K_2S_2O_8$]) – 6.00%

주성분이며, 강한 산소 발생기를 보유하고 있어서 모발의 멜라닌색소를 산화시킨다. 산화제에 함유된 물, 과산화수소수 등과 만나면 반응을 시작하며, 산소를 방출시킨다.

■ **알칼리제**(Sodium Metasilicate[Na_2SiO_3]) – 20.00%

모발의 팽윤과 산소 발생기를 가지는 유효성분의 모발 침투를 돕는 역할을 한다. 산화제에 함유된 물, 과산화수소수 등과 만나면 반응을 시작하며, 내용물의 pH를 강알칼리로 끌어올리는 역할을 하여 모발을 팽윤시키는 작용을 한다.

■ **pH조절제(Magnessium Carbonate[$MgCO_3$]) - 2.35%**

pH조절제로 흡습 효과가 있으며, 모발을 팽윤시키는 작용을 한다.

■ **점증제(CMC-Na (Sodium Carboxylmethylcellouse)) - 2.00%**

점증제(점도증진제)로 산화제의 물과 반응하여 겔상의 성상을 만든다. 블리치 파우더와 산화제 혼합 시 점도가 있는 성상을 만들어 주는 주요 물질이며, 혼합된 내용물을 모발에 도포할 때 흘러내리는 것을 방지하게 하는 물질이다.

■ **Talc - 20.00%**

반응성은 없으며, 약간의 흡습성이 있는 물질로 파우더 형태의 화장품에 일반적으로 사용되는 물질이다.

[참고] 일반적으로 베이비 파우더에 사용된다.

■ **안료(Ultramarine Blue) - 0.40%**

알칼리제에 강한 안료로 블리치 파우더의 색상을 내는 데 사용된다. Blue 또는 Red 등이 일반적이고, Ultramarine Blue가 첨가되지 않은 제품도 있다. 모발의 탈색정도에 영향을 미치는 염료는 아니며, 단지 제품의 외형적 측면에서 함유되는 성분이므로 투입하지 않아도 된다.

■ **파우더 날림방지제(Oil) - 5.00%**

오일 타입의 반응성이 없는 물질로 파우더의 날림을 방지하기 위하여 조성된다. 주로 미네랄오일이 사용되며, 양을 늘림으로써 가루의 날림을 조정할 수 있다.

■ **향료(Perfume) - 0.25%**

반드시 오일타입으로 사용해야 한다. 내용물과 반응하여 미리 산소를 방출시킬 수 있으므로 신중히 선택하여야 한다.

8

Bleaching of Hair

모발의 탈색

1. 탈색 레벨의 정의

1) 탈색(Bleach / Lightning / High light)

(1) 모발탈색에 따른 기여색소

모발은 유멜라닌과 페오멜라닌을 가지고 있는데, 이 중 탈색에 더 빨리 작용하는 멜라닌은 유멜라닌이다.

LEVEL	1	2	3	4	5	6	7	8	9	10
레벨 스케일										
언더 컬러	블루	바이올렛	레드 바이올렛	레드	오렌지 레드	오렌지	오렌지 옐로우	옐로우	페일 옐로우	화이트

2) 탈석의 원리

탈색은 모발 내에 존재하는 멜라닌색소가 산화제에 의해 분해되는 성질을 이용하여 모피질 안에서 화학 반응을 일으켜 자연색소와 인공 색소를 약화시키고 분산시키는 것이다. 탈색제 1제와 2제를 혼합하여(일반적 비율은 1:2) 사용하며, 탈색 제 1제는 탈색작용을 활성화시키는 산화제와 모표피의 팽윤, 산화과정을 촉진시키는 알칼리제로 구성되어 있다. 탈색제 2제는 모표피의 멜라닌을 옥시멜라닌으로 산화시키는 과산화수소를 사용한다. 이때 높은 농도의 산화제일수록 많은 양의 산소를 방출하게 되며 그로 인해 탈색효과가 더 높다고 할 수 있다.

탈색지 1제와 2제를 혼합하면 1제의 산화제(ammonium persulfate, potassium persulfate)가 2제에 함유된 물(H_2O),과산화수소수(H_2O_2) 등과 만나 산소(O^-)를 발생시킨다.또 1제의 알칼리제(sodium metasilicate)에 의해 과산화수소가 H_2O +O^-로 해리된다.

모발에 작용으로는 알칼리에 의해 모표피가 팽윤되고 산소 발생기를 가지는 유효성분(ammonium persulfate, potassium persulfate, hydrogen-peroxide)들이 모발 내로 침투하고 멜라닌색소는 산소(O^-)와 결합하여 무색의 옥시 멜라닌의 형태로 변화되면서 모발 내 색이 탈색되게 된다. 일반적으로 탈색제를 도포한 후 30분 이상이 초과되면 옥시멜라닌(oxy-melanin) 생성은 일어나지 않아 탈색 효과가 없는 것으로 알려져 있으나 탈색의 작용시간은 최대 60~90분까지도 모발에 영향을 미친다는 결과도 있다.

2. 탈색제 성분의 특징

1) 과황산암모늄(ammonium persulfate)

$(NH_4)_2S_2O_8$. 무색의 결정 또는 백색분말로 되어 있다. 물에 녹기 쉽고, 수용액은 약산성을 나타내며, 리트머스 시험지에 대해서도 산성반응을 나타낸다. 용액 중에서는 쉽게 유리기(radical)를 생성하며 강력한 산화작용을 나타낸다. 습기에 의해서도 산소를 발생하면서 서서히 분해한다. 유기화물과 접촉하면 분해되어 활성효소를 방출하여 강력한 산화작용을 나타낸다. 산화표백제, 염화비닐, 초산비닐, 아크릴수지의 중합제, 금속표면처리제, 바트염료(vat dye)의 산화성 발색제, 하이포(hypo)의 제거, 분석시약, 전분의 분해 등에 사용된다. 보관 시에는 습기를 피해 냉암소에 보존해야 하며 젖어서는 안 되고, 화기에 주의한다. 인체에 대해서는 눈과 점막 등을 자극할 수 있고, 독성은 약한 편이나 많은 양을 섭취하면 유해하다. 오랫동안 피부와 닿지 않도록 주의해야 한다.

2) 과황산칼륨(potassium persulfate)

$(NH_4)K_2S_2O_8$. 무색 또는 백색결정으로 물에 녹으며, 저장 중 서서히 분해되어 산성염을 생성한다. 열수에는 녹기 쉬우며 약 100℃에서는 완전히 분해된다. 합성수지 중합촉매, 산화제, 표백제, 사진약, 시약으로서 산화제(Mn,Cr 등) 분석용으로 사용된다.

3) 메타규산나트륨(sodium metasilicate)

Na_2SiO_3. 이산화규소와 탄산나트륨을 1000℃로 용융하면 무수염이 얻어지고, 그 수용액에서 각종 수화염이 얻어진다. 무수염은 무색 사방결정계

이고, 녹는점은 1088℃이다. 물에 잘 녹고, 수용액은 가수분해하여 강한 알칼리성을 나타낸다.
일반적인 규산나트륨의 진한 수용액을 물유리라고 한다. 주물성형용, 무수규산용(화이트카본, 실리카겔 제조용 및 석유정제촉매용), 합성세제(가정용 세제의 필터용), 용접봉(피복접착용), 비누용(고형 세탁비누의 필터용), 접착제, 메타 · 올소 규산소다 원료, 달걀의 보존, 페인트, 합판의 제조 등에 사용된다.

4) 활석(talc)

탈크는 활석이라고도 하고, 화학식은 $Mg_3(Si_4O_{10})(OH)_2$로 규산마그네슘의 수화물이다. 즉, 탈크 분자는 사면체를 형성하고 있는 두 개의 규소 판 사이에 끼워져 있는 팔면체의 마그네슘 팜으로 구성된 규산염 층이다. 소수성의 특성과 높은 열전도성 및 낮은 전기전도성을 가지고 있으며, 단사 정계에 속하는 백색 박편상 분체이다(강소영, 2011). 이는 보온재, 내화재,충전제, 감마제 등의 역할을 하며 화장품, 제지산업, 의약품, 유기공업, 살충제 등 다양한 용도에 사용된다.

5) 과산화수소(hydrogenperoxide)

H_2O_2. 공업적으로는 황산수소암모늄을 전기분해하여 양극에 생기는 과산화 2중황산암모늄 용액을 감압증류하여 얻고, 실험실에서는 나트륨 · 바륨의 과산화물을 조금씩 차고 묽은 황산에 가하거나 또는 과산화바륨을 물에 늘어뜨리고 이산화탄소를 보내서 만든다. 알칼리, 백금가루, 팔라듐, 이산화망간 그 밖에 미세한 가루나 조잡한 면을 가진 고체 또는 먼지 등 여러 가지가 촉매로 되어서 쉽게 분해하여 산소를 발생하는데, 만약 촉매가 없으면 장시간 불변한다. 한편 인산, 요산 등은 반대로 분해를 억제한다. 시판품에는 안정제로서 이들을 넣는다. 물과 임의의 비율로 섞이고, 산화제

로서, 그 작용은 알칼리성 용액에서 활발하다. 한편 환원성도 있어서 산화은에서 은을 유리하고 자신은 물로 되기도 한다. 표백제, 소독제, 분석화학의 산화제로 널리 쓰이고, 또 비닐 중합의 촉매, 로켓 연료 등으로도 쓰인다. 시판품은 보통 30% 수용액으로 되어 있다.

3. 탈색의 시술방법

1) 기본 블리치

강한 파워로 단시간에 최대효과를 볼 수 있으며 파우더블리치와 산화제를 1:2 비율로 사용한다.

2) 응용 블리치

블랙 색상을 체인지하거나 염색 전 명도 조절 시 활용한다. 파우더블리치, 6% 산화제와 물을 1:2:2로 혼합한 후 발림성을 좋게 하기 위해 샴푸를 약간 섞어 사용한다(샴푸 블리치).

3) 탈색의 기술

탈색은 산화제의 농도와 산화제의 비율, 방치 시간에 따라 그 결과가 달라진다.

9

Acid Color

산성 컬러

1. 모발과 산성 컬러의 화학반응

1) 모발의 확산(diffusion) 메커니즘

화학물질에 대한 모발섬유의 확산반응은 표면에 흡착되는 흡착단계, 모발 속으로 확산하는 확산단계, 모발 내부에서의 화학반응을 일으키는 반응단계로 구분된다(Ruetsch etal, 2003). 모발섬유로 침투하는 물질의 확산은 반응온도, 분자크기, 밀도(cross-link), 모발 섬유의 팽윤(swelling), 반응시간 등 여러 인자에 의해 달라질 수 있다. 모발의 확산 메커니즘은 두 가지 경로를 가지고 있다. 첫 번째는 transcellular diffusion이고, 두 번째는 intercellular diffusion이다. 먼저 transcelluar diffusion은 모표피 세포 사이를 통한 확산으로 약한 결합단백질(low cross-linked protein)과 강한결합단백질(high crosslinked-protein)을 모두 통과하는 방식이다. 반면에 intercellular diffusion은 상대적으로 시스틴(cystine)의 함량이 적어 약한 결합을 이루는 부위(low cross-linked density region)인 엔도큐티클(endocuticle)과 cellmembrane complex 구조 사이를 통해 확산되는 방식이다.

2) 모발과 산성컬러의 화학반응 및 매커니즘

반영구염모제는 "코팅제" 혹은 "매니큐어"로 불리고 있으며 산성염모제라고 한다. 음이온을 형성하는 색소(산성직접염료)를 사용하여 모발의 양이온 아미노산과 결합시키는 이온결합을 이용한 염색이다. 모발은 pH 4.5~pH 5.5보다 낮은 pH에서는 양전하를 띠게 되므로 염색 전에 모발을 산성처리를 하여 양전하를 띠게 한 후에 음전하를 띤 산성의 염료를 도포함으로써 모표피 및 모피질에 이온결합을 형성하여 착색한다. 모발의 다공성, 열의 적용, 시술 시간, 색상 혼합, 진행 시간과 제조회사에 따라 조금의 차이는 있겠지만 대략 4~6주 정도 유지된다. 최대한 20분 동안 모발과 반응시킨 후 물로 헹구어 내는 방법으로 사용한다. 상대적으로 분자량이 큰 Trinuclear 계열 염모제가 분자량이 작은 Mononuclear 염료보다 천천히 씻겨 나간다. 반영구염모제의 염색력 유지는 염료가 얼마나 잘 모표피를 통과할 수 있는가 뿐만 아니라 모피질에 얼마나 잘 확산될 수 있는가에 달려있다.

2) 모발의 손상과 pH의 관계

모발을 화학적인 힘으로 변화시키면 모발을 팽윤·연화시키거나 수렴·경화시키게 되지만, 그 이상의 힘을 가하게 되었을 때는 모발을 용해·분해시키게 된다. 다시 말해 모발의 pH가 4.5~5.5 사이의 등전점으로부터 멀어지면 모발의 결합력이 약해지며 모발이 팽윤되고 연화되어 모표피가 열린다. 강산성은 섬유조직의 파괴 없이 모발을 거칠고 약하게 하는 반면 강알칼리성은 섬유조직을 파괴한다.

약알칼리성은 모발을 연화시켜서 큐티클 층을 거칠게 만들고 모발을 다공성으로 만들어 손상시키는 반면에 약산성에서는 모발이 단단하다. 또한 모발은 산에 강한 저항력을 지니고, 산성 환경에서 강한 수축력을 나타내고 모표피가 닫히는 현상이 일어난다. 모발손상을 유발하는 알칼리성의 화학약품, 대표적인 펌제와 염모제는 1제가 pH 9 이상 되기 때문에 모발이 심하게 팽윤, 연화되어 모발손상을 막기 위해서는 모발의 등전점을 유지하는 것이 중요하다. 또한 pH가 10 이상인 강알칼리와 아미노산이 작용하면 아미노산이 산으로 작용, 중화를 시키기 때문에 결국 아미노산염과 물이 생겨 모발이 용해된다. 모발의 광택이나 촉감의 저하로 발생되는 외부적으로 보이는 형태적 손상과 모간의 물리적, 화학적 반응으로 간충물질의 유실로 인해 발생되는 다공성 모발, 수분손실에 따른 건조성 모발, 케라틴 구조의 결합력 약화로 발생되는 모발 내부손상인 조직학적 손상으로 구분된다. 특히, 대부분의 화학적 요인 중 미용 시술 시 강한 알칼리제에 의하여 모표피와 모표 피사이에 세포막 복합체(Cell Membrane Complex, CMC)를 녹임으로써 모발 내부의 단백질이 녹아 유실되어 일어난다.

2. 산성컬러 성분의 특징

1) 하이드록시에칠셀룰로스(Hydroxyethylcellulose)의 특징

셀룰로스에 가성소다를 작용시켜 알칼리셀룰로스로 만들어서 이것에 산화에칠렌을 반응시켜 중화, 정제, 건조, 파쇄해서 얻어진 수용성 고분자이다. 점도특성은 셀룰로스 본체의 중합도에 의존하며 냉수, 온수에 녹지만 일부를 제외하고 거의 모든 유기용제에 불용이다. 물에 첨가하면 점성 있는 액으로 되고, 일반적으로 농도가 2배로 되면 점도는 거의 5~10배가 된다. 분자량이 크고, 농도가 높을수록 구조점성이 증대된다. 수용액은 pH 2~12의범위에서 안정하고 특히 pH 4~11의 범위에서는 장기보존안정성이 뛰어나다. 강산성, 강알칼리성하에서는 가수분해, 산화분해가 일어나고 점도가 떨어진다. 거의 모든 무기염류에 상용하고, 내열성이 뛰어나다. 그 외 수용성 고분자와의 상용성도 좋고 병용되기도 한다. 온도 안정성, 내약품성에도 탁월한 성능이 있다. 독성, 자극성도 없고 유화, 분산, 보수, 필름형성, pH 안정성 등의 기능이 있다. 또한 투명한 필름을 만들기 때문에 이것을 주제로 해서 적당한 가역제를 배합하여 인체에 안전하고 모발에 광택, 윤활성을 주며 정발효과가 있는 정발료에 이용된다. 그 외 프레스제품의 경합제, 팩류의 피막형성제로서도 이용된다.

2) 주석산(Tartaric Acid)

포도주를 만들 때 침전하는 주석에 함유되어 있어 주석산이라고도 하며, 디옥시숙신산이라고도 한다. 화학식 $C_4H_6O_6$ 우회전성인 L-타르타르산(Tartaric acid), 좌회전성인 D-타르타르산 및 이들의 등량 혼합물인 라세미체의 타르타르산(Tartaric Acid, 포도산) 외에, 광학활성을 갖지 않는 m-타르타르산의 여러 이성질체가 있고, 천연으로 존재할 때는 L-타르타르산이 주가 되며, 유리상태의 산·칼슘염 및 칼륨염으로서 식물계에 널리 분포한다. 청량음료로서 시럽·주스 등에 널리 사용되고, 의약품으로는 청량지갈제로서 염색공업·제과·사진·유기합성·금속의 착색 등에 사용된다.

3) 글리콜산(Glycolic Acid)

탄소수 2의 히드록시카르복시산($HOCH_2COOH$)이며, 히드록시아세트산이라고도 한다. 무색, 무취의 결정으로 물에서는 무색의 침상 결정 에테르에서는 엽상 결정(葉狀結晶)으로 얻어지며, 녹는점은 80℃이다.
물 · 에탄올 · 에테르에 녹는다. 덜 익은 열매나 잎, 사탕옥수수 등에 함유되어 있다.
클로로아세트산을 탄산바륨으로 가수분해하면 생긴다. 100℃로 가열하면 2분자 간에서 물 1분자를 잃고 글리콜산 무수물(無水物)이 된다. 200℃ 이상으로 가열하면 글리코리드· 폴리글리코리드를 생성한다. 산화하면 글리옥살산 또는 옥살산을 생성한다. 피부나 점막(粘膜) 등에 약간 자극성이 있다.

4) 젖산나트륨(Sodium Lactate)

무색 징명의 시럽상 액체로 냄새가 없거나 약간 특이한 냄새가 있는 염류 식품제조용 첨가물이다. 화학식은 $C_3H_5NaO_3$이다. 물에 용해되며, 수용액의 pH는 5.0~9.0이어야 한다. 글리세린과 유사한 성질을 가지고 있으며,

유화제, 향미향상제, 습윤제, pH 조정제로 사용한다.

5) 에탄올아민(Ethanolamine)

$HOCH_2CH_2NH_2$ 점성이며 무색흡수성 액체, 암모니아 냄새를 내고 CO_2를 흡수하는 능력이 있다. 물, 에탄올, 아세톤에는 가용하다. 염산염은 녹는점이 75~77℃의 결정이며 강력한 염기성을 나타낸다. 인지질의 일종으로 포스파티딜에탄올아민의 구성성분이다.

3. 산성컬러의 시술방법

① 모발진단
② 프레 샴푸
③ 프레처리, 건조
④ 보호
⑤ 산성컬러 도포
⑥ 가온, 방치
⑦ 체크, 쿨링
⑧ 애프터 샴푸
⑨ 컨디셔닝
⑩ 스타일링

Color Shade

컬러쉐이드

1. 컬러쉐이드

■ **9.34 shade**

– 구릿빛을 띠는 매우 밝은 금빛색(Vert light golden copper blond)

■ **9를 지칭하는 용어**

– 명도, depth

■ **.34를 지칭하는 용어**

– 채도, tone

– 반사빛(1차 반사빛 : 3, 2차 반사빛 : 4)

2. 컬러쉐이드의 Numbering System

1) I.C.C(International Color Code)

■ **DEPTH의 넘버**

LEVEL	COLOR NAME
12	Very Light Extra Blonde
10	Extra Light Blonde
9	Very Light Blonde
8	Light Blonde
7	Medium Blonde
6	Dark Blonde
5	Light Brown
4	Medium Brown
3	Dark Brown
2	Very Dark Brown
1	Black

■ **TONE의 넘버**

LEVEL	COLOR NAME
0	Natural
1	Matt Ash(green)
2	Violet Ash
3	Golden(yellow)
4	Copper(orange)
5	Mahogany
6	Red
7	Blue

3. 컬러링 차트의 이해

1) 종래 컬러의 색 설계 - 흑모발상

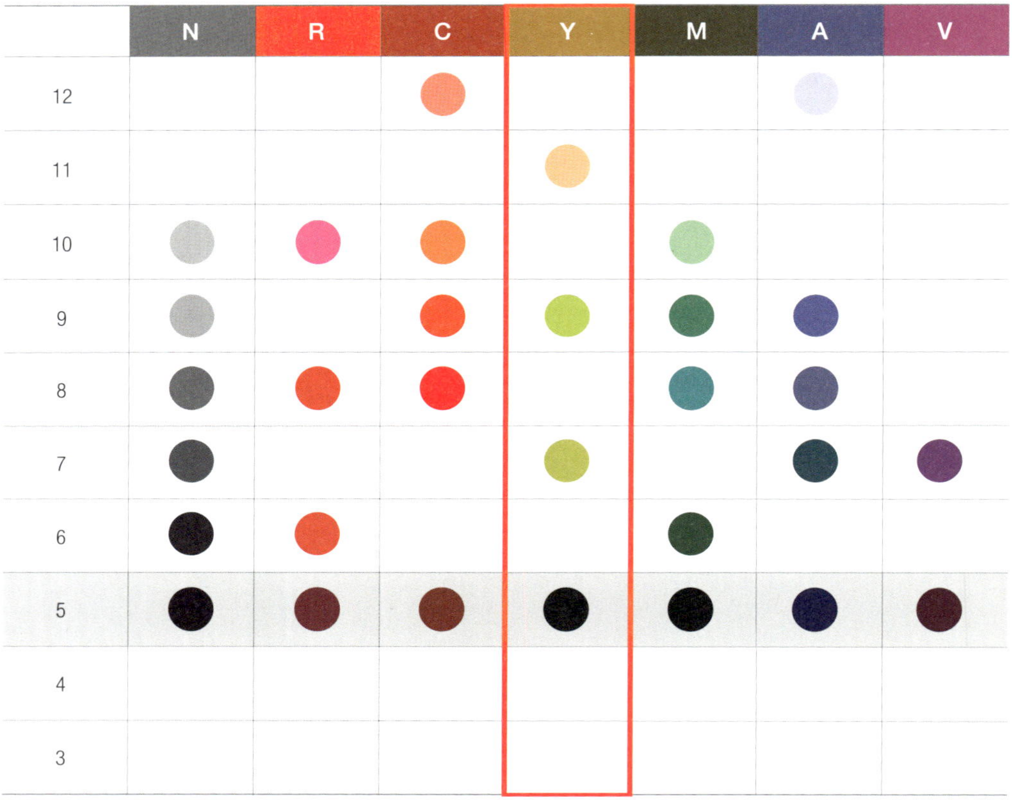

2) 종래 컬러의 색 설계 – 그림의 도구발상

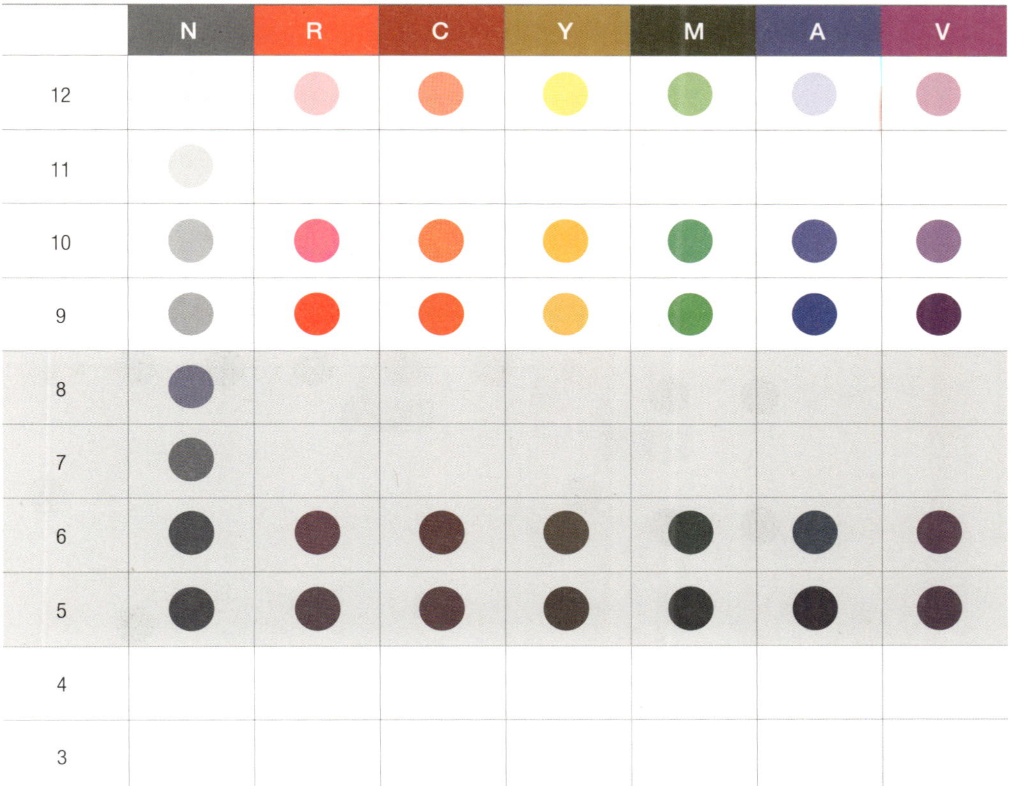

3) 내추럴 시퀀스의 원리를 바탕으로 한 쉐이드 라인

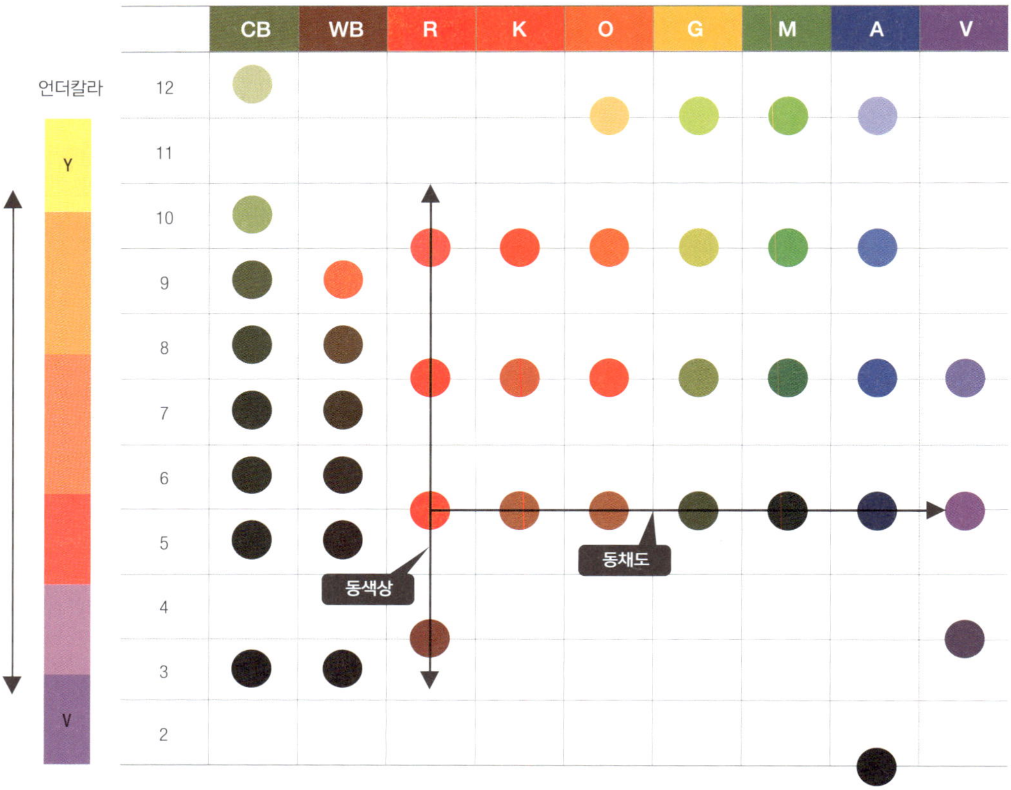

4) N.S(내추럴 시퀀스)의 원리

(1) N.S(내추럴 시퀀스)의 정의

색에는 아름답게 보이는 고유의 밝기가 있고 그것은 색상마다 다르다. 적색부터 색상의 그라데이션 순서대로 나열하면, 황색을 정점으로 한 산 모양의 완만한 커브를 그리게 된다. 이 연결을 「내추럴 시퀀스(natural sequence of hues) = 색상의 자연연쇄」라고 부른다.

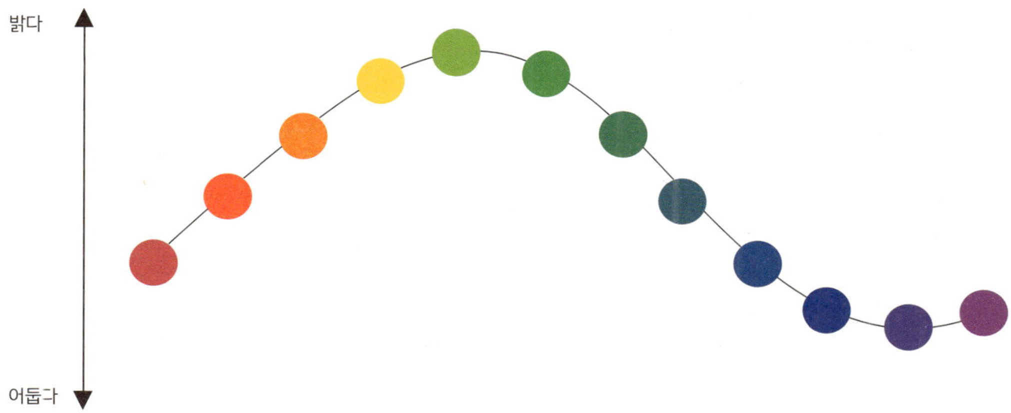

Coloring Technique I

컬러링 테크닉 Ⅰ

1. 원터치 테크닉의 실제

◌ 염모제와 염색시술에 필요한 준비물을 세팅한다.

① 4등분 블로킹으로 나눈다.

② 사이드에서 탑포인트에서 이어포인트로 나누고, 반대편사이드에서도 탑포인트에서 이어포인트로 나눈다.

③ 후두부 탑포인트에서 네이프포인트로 나누어 4등분을 완성한다.

④ 네이프 부분은 처음 염모제를 시작하기 위해 슬라이스를 다시 나눈다.

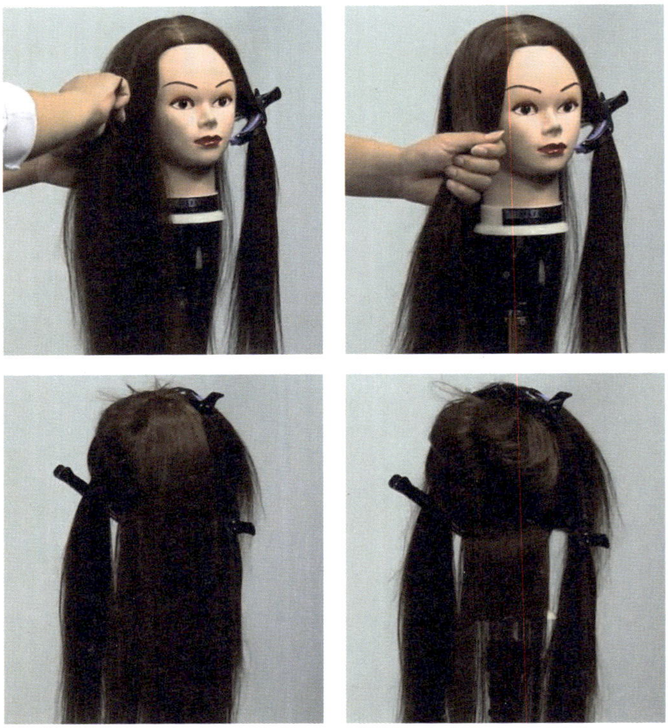

⑤ 염모제를 준비한다.

⑥ 패널을 왼손으로 잡고 브러시에 염모제를 덜어서 도포한다.

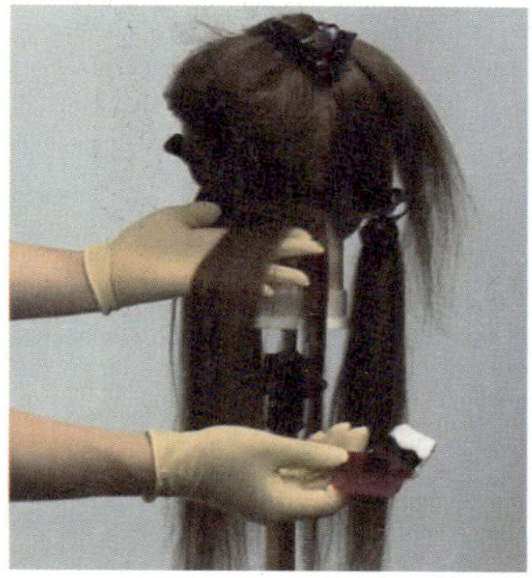

⑦ 도포 시 브러시로 모근에서부터 모발 끝까지 빠르게 도포한다.

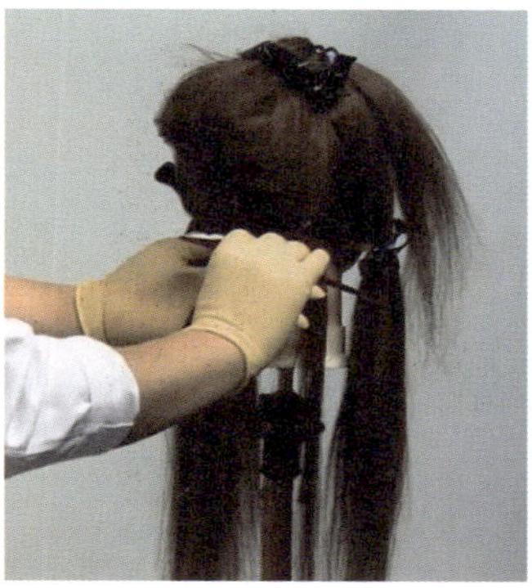

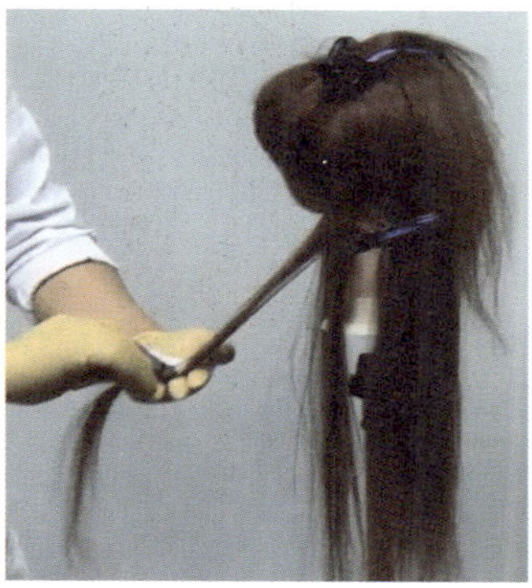

⑧ 모발의 꼼꼼한 도포를 위해 브러시의 빗으로 다시 빗질한다.

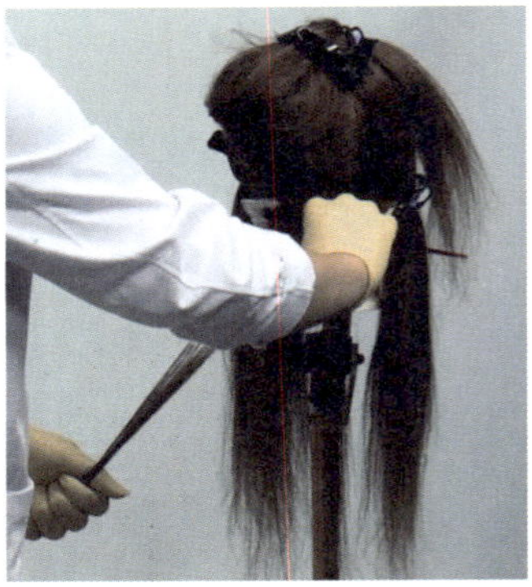

⑨ 오른손의 검지와 중지를 이용하여 다시 한 번 핸들링하여 도포한다.

⑩ 네이프 부분이 완성되면 탑부분까지 이동하면서 같은 방법대로 완성해 나간다.

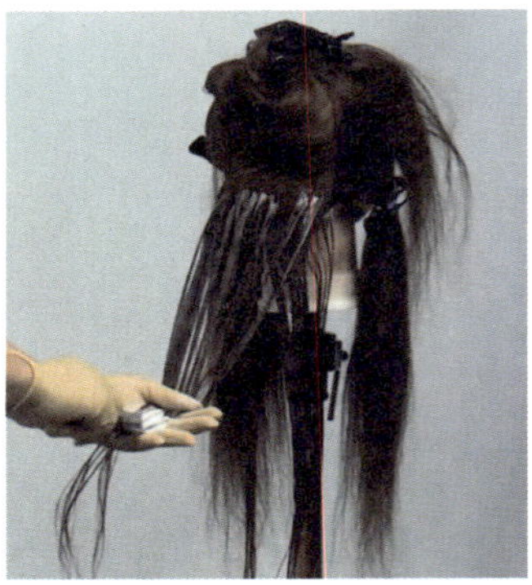

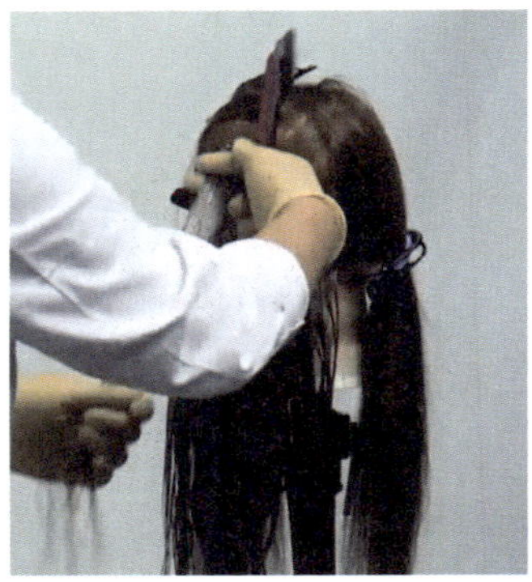

⑪ 후두부가 완성되면 사이드로 이동하여 도포하여 완성한다.

원터치의 방법은 위의 방법처럼 블록을 나누고 네이프에서 시작할 수도 있지만 모발의 길이, 시술 색상에 따라 블록을 나누지 않고 프론트에서 시작할 수 도 있다.

2. 하이라이트 시술 시 투터치 테크닉의 실제

◌ 하이라이트 시술은 최대한 빠르게 도포를 원칙으로 한다. 이유는 처음 도포부위와 마지막 도포부위의 시간 차가 많이 나게 되면 그만큼 처음 도포 부위는 얼룩이 지거나 손상을 받기 때문이다.

① 블록을 나누지 않고 탑부분에서 시작한다.
② 염색볼의 염모제를 브러시에 덜어서 왼손등 위에 덜고 핸드팔레트 방법을 이용하여 빠르게 도포할 수 있게 한다.

③ 모근에서 2~3cm 정도 부위에서 도포를 시작하고 빗질, 핸들링으로 다시 도포한다.

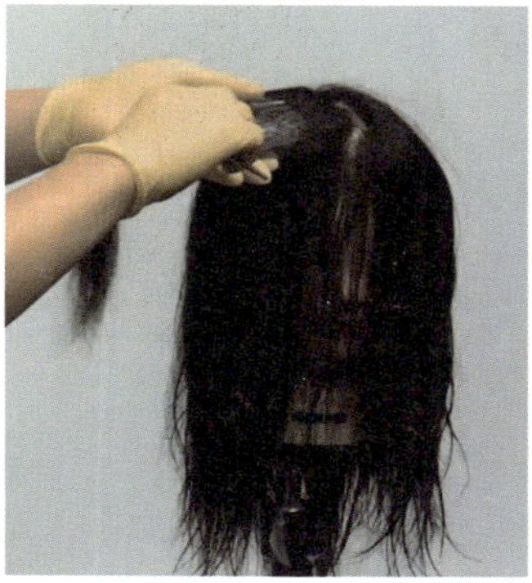

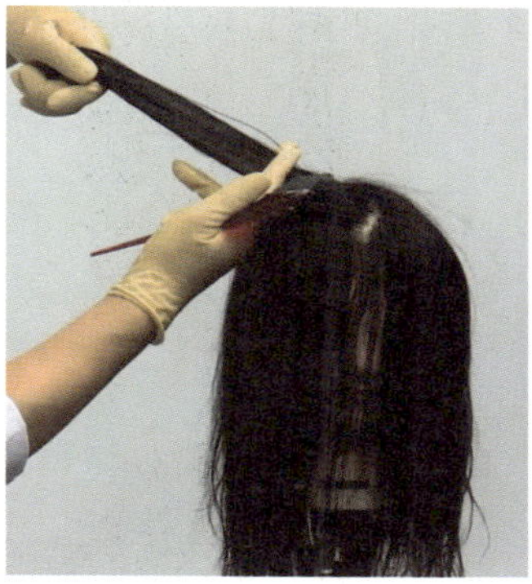

④ 도포 완료 후 패널을 뒤로 넘기고 다음 패널로 이동한다. 필요한 경우 클립을 사용하여 고정시킨다.

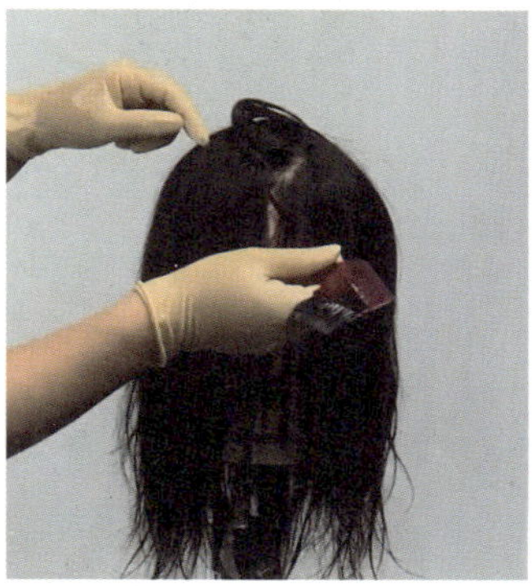

⑤ 같은 방법대로 양 사이드와 후두부를 완성한다.

⑥ 도포가 완성되면 15분 경과 후 사이드부터 다시 모근 쪽에 2차 도포를 시작한다.

⑦ 모근 쪽 앞뒤로 꼼꼼히 도포한다.

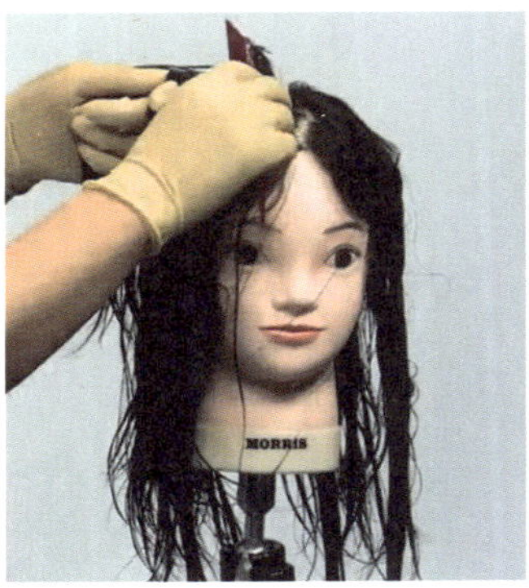

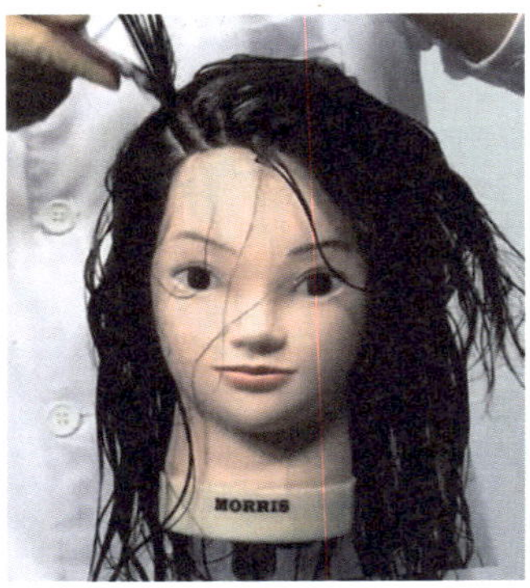

⑧ 같은 방법대로 양 사이드와 후두부를 완성한다.

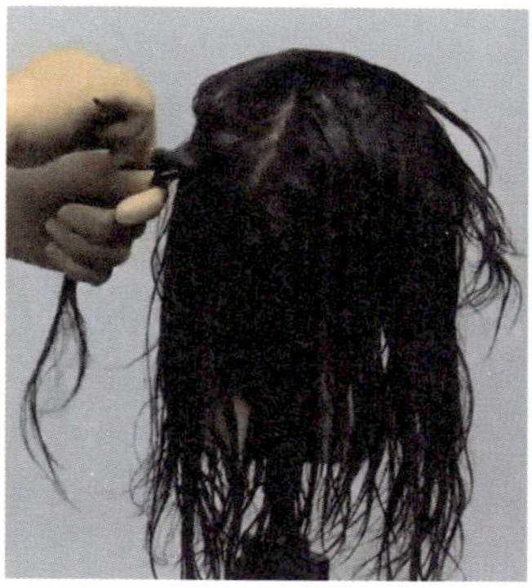

⑨ 도포가 모두 완성되면 체크하기 위해 버티컬 섹션으로 잡아서 확인 체크하며 도포하여 완성한다.

3. 위빙 컬러 테크닉의 실제

① 블록을 나누고 패널을 잡는다.

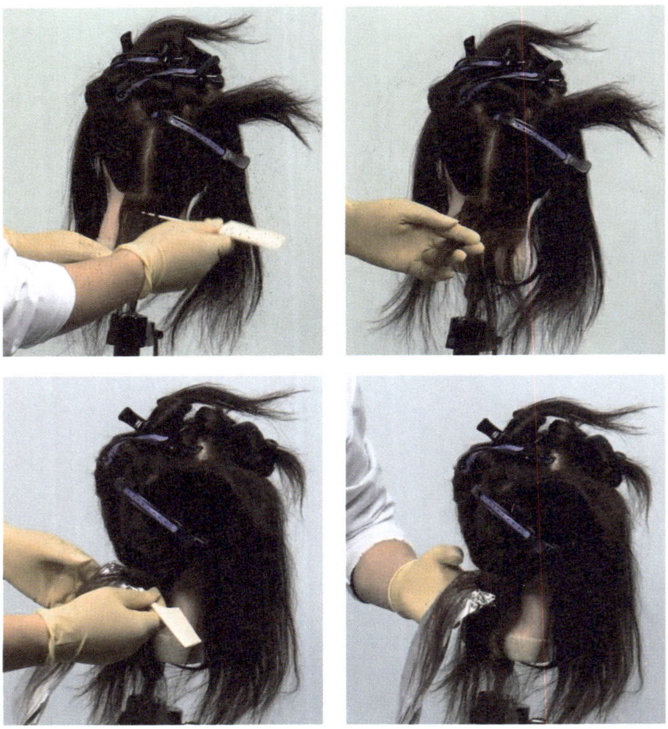

② 오른손의 꼬리빗의 꼬리를 이용하여 패널의 모발을 원하는 위빙에 맞게끔 적당량을 떠와서 왼손으로 잡고, 오른손으로 호일을 가져와서 호일의 윗부분을 두피에 따갑지 않도록 1cm가량 접은 후 호일을 모근 가까이 댄다.

③ 염모제를 모발끝 쪽부터 도포하여 모근으로 올라가면서 도포하여 얼룩을 방지한다.

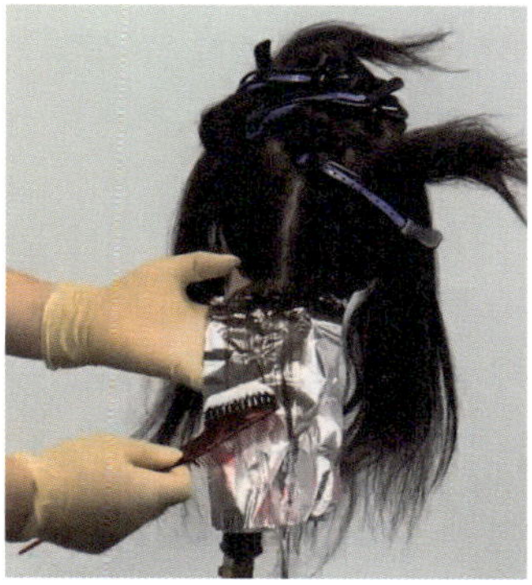

④ 도포 후 호일을 반으로 접은 후 먼저 브러시의 꼬리를 이용하여 좌측을 접은 후 밑부분-우측 순으로 접어서 완성한다.

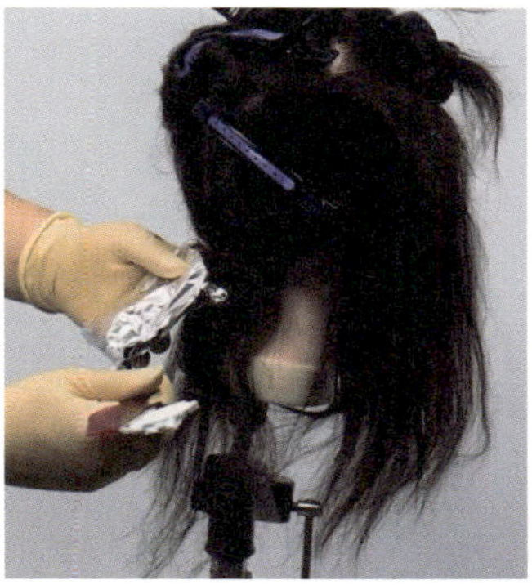

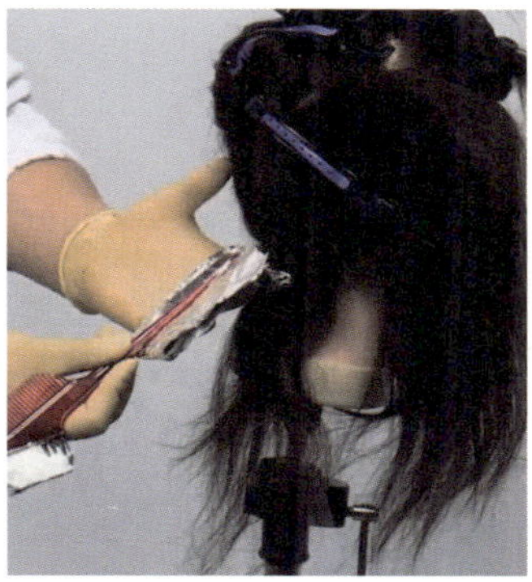

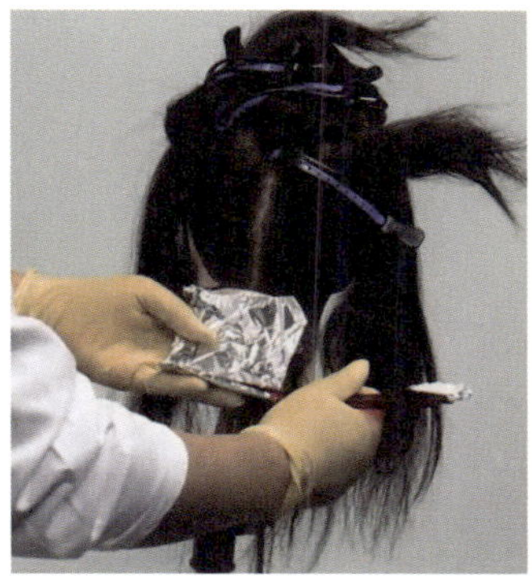

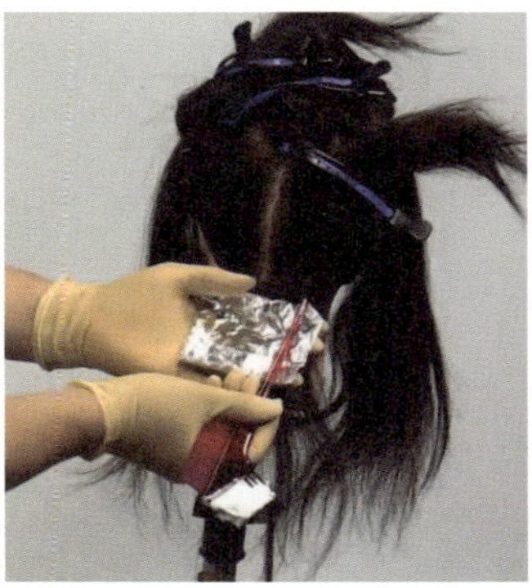

⑤ 전체적으로 완성하여 염모제의 방치 타임 후에 호일을 풀어서 완성시킨다.

12

Permanent Hair Dye

영구적 염모제

1. 퍼머넌트 컬러의 이해

1) Bleaching & Tinting

표백작용과 중합작용의 관계

표백과 중합은 동시에 진행되는 것이 아니라, 먼저 표백이 진행되고, 그 뒤 중합이 약 20~30분간 진행되어 발색이 완료된다.

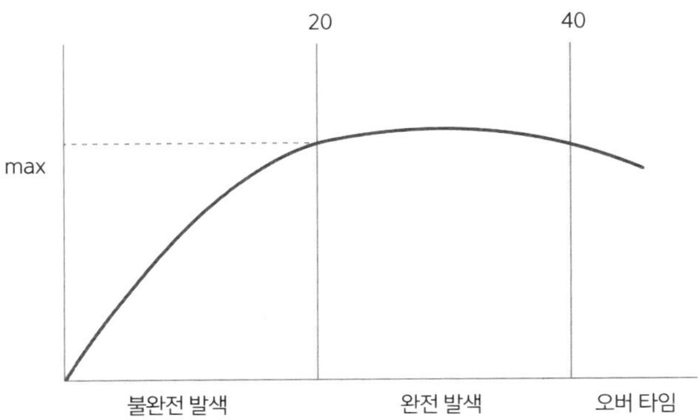

구분	특징
불완전 발색존	· 중합과 표백의 밸런스를 맞추지 않았다.
완전 발색존	· 중합과 표백의 밸런스를 잘 맞추었다. · 약제의 색을 확실히 표현
오버 타임	· 손상이 심해지며, 변색과 색의 혼탁함의 원인이 된다.

2) 같은 알칼리 컬러에서의 차이점

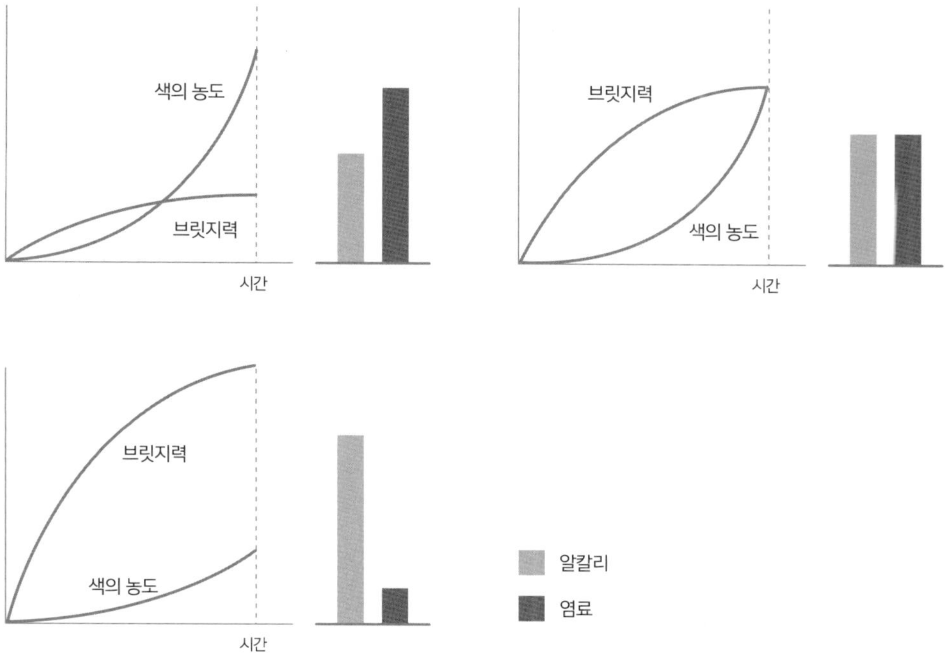

3) Mixing

염색제 혼합 힌트

높은 레벨의 염색제와 낮은 레벨의 염색제를 믹스한 경우, 브릿지력과 발색 농도는 각각의 평균 보다 조금 높아진다.

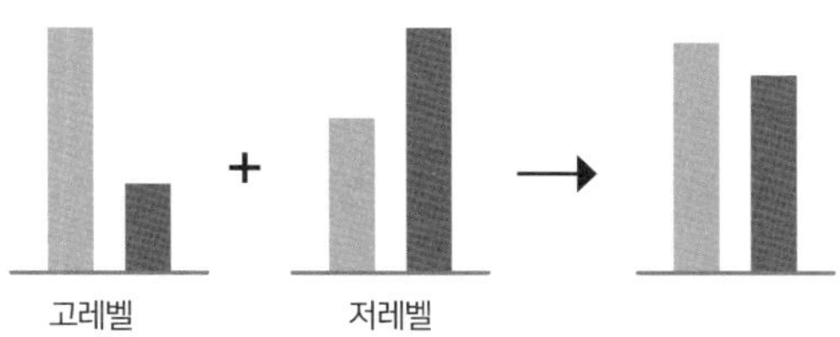

■ **헤어 컬러의 작용요인**

– 헤어 컬러의 발색은 여러 가지 원인으로 변화
– 헤어 컬러에 함유되어 있는 알칼리는
  - 모발을 브릿지한다.
  - 염료를 발색시키는 작용이 있다. 특히 알칼리양은 모발 탈색력에 관계한다.
– 알칼리 컬러에서 사용하고 있는 산화염료는 주로 알칼리제(pH 9~12)로 본래의 색상을 낼 수 있도록 조정되어 있으므로, pH를 낮추면 색이 변하는 경우가 있다. (예 산성 타입의 것과 믹스한 경우 등)

■ **알칼리, pH의 영향과 작용**

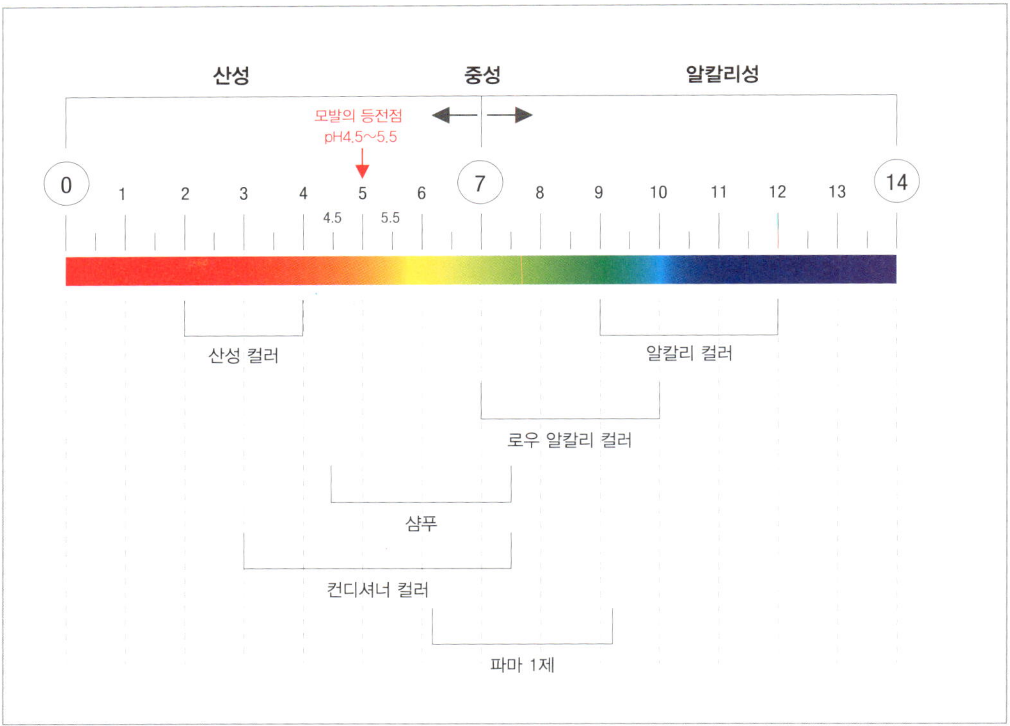

4) pH와 알칼리의 관계

pH는 약체에 함유된 알칼리성물질(암모니아 등)과 산성 물질의 밸런스(비율)을 나타내는 것이다. pH가 낮아도 알칼리양이 많은 것이 있고, 역으로 pH가 높아도 알칼리양이 적은 것이 있다. 예를 들어 비누의 pH는 약 12로, pH가 매우 높아도 알칼리양이 적기 때문에, 모발과 피부에 영향을 적게 주는 것이다. 이 때문에 pH와 알칼리양은 반드시 일치하는 것은 아니다.

5) 산화제의 농도와 발색

알칼리 컬러는 산화 염료를 주로 사용하고 있다. 산화 염료는 산소와 반응하여 발색(중합)하지만, 사용하는 산화제(과산화수소)의 농도에 따라 발색이 변화한다.

■ 산화제의 농도와 발색의 관계

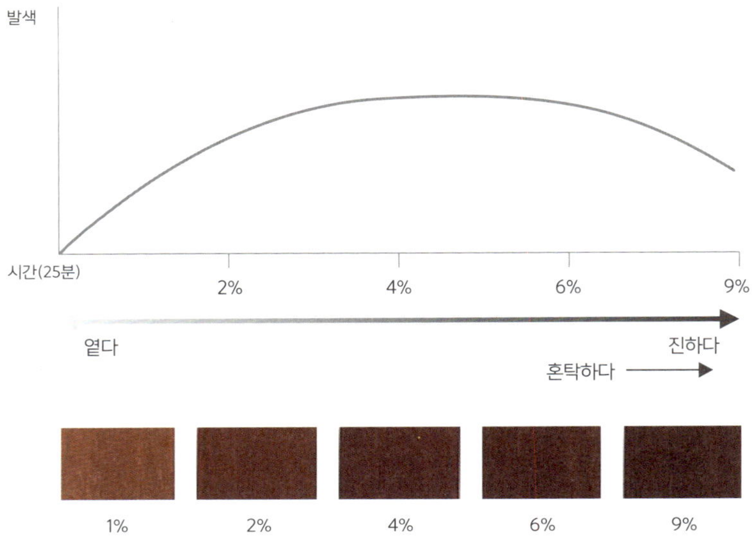

헤어 컬러의 발색은 그림과 같이 4~6%가 피크가 된다. 또 1% 이하를 사용하면 발색뿐만 아니라, 색상도 바뀐다. 색을 틀리지 않도록 하기 위해서는 최저 2% 이상이 필요하고, 또 6% 이상의 과산화수소를 사용한 경우, 어두워져서 혼탁한 색이 된다.

■ **산화제의 구분**

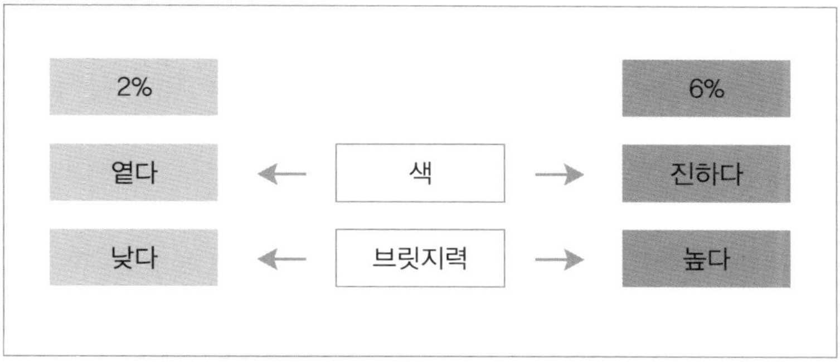

6%는 밝기와 발색을 원하는 경우에 사용한다. 그에 비해, 2%는 손상이 있는 기존 염색부에 색만은 발색시키는 경우에 사용한다. 또 뿌리 부분을 너무 밝게 하고 싶지 않을 때에는 4%(6% + 2%)를 이용한다.

6) 시간에 따른 발색의 차이

■ 산화제의 농도와 발색의 관계

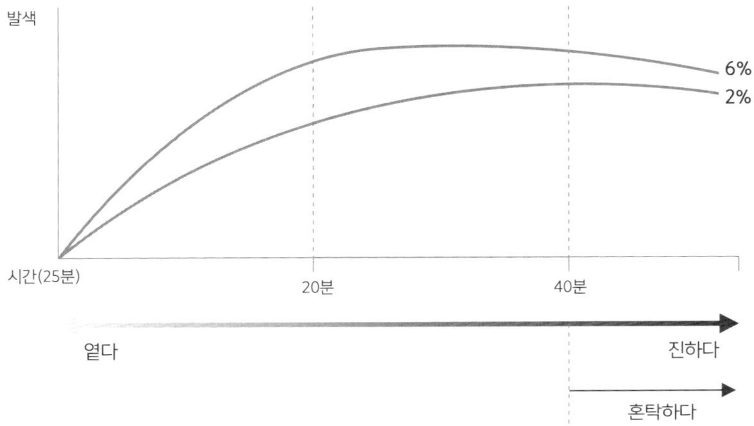

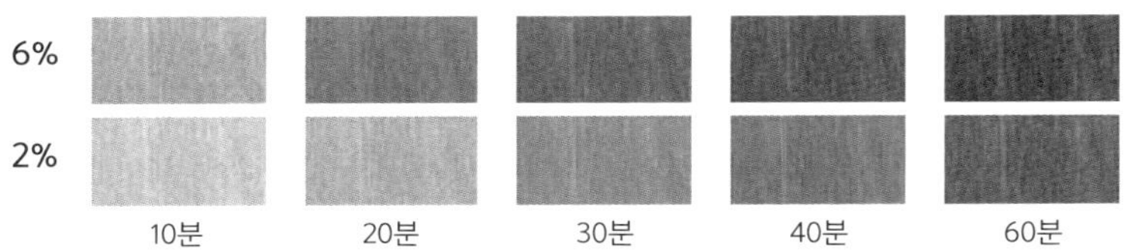

6%와 2%에서는 발색의 정도가 달라진다. 왼쪽 그래프처럼 6%의 발색에 근접하기 위해서는 시간을 길게 둘 필요가 있다. 단, 40분 이상 두면 색의 혼탁함이 손상과 연결되므로 주의가 필요하다.

7) 염료에 따른 발색 스피드의 차이

산화 염료는 그 종류에 따라 발색 스피드가 상이하다. 예를 들어 청색 계열의 염료는 발색이 훨씬 빠르고, 적색 계열의 염료는 발색이 느린 경향이 있다. 특히 1제와 2제 믹스 후 10분 정도에서는 염료에 따라 발색 정도에 차이가 있지만 20분 후에는 두 쪽 모두 본래의 발색을 낼 수 있다.

염색제를 믹스한 후는 가능한 한 빠르게 도포함과 동시에 방치 타임을 확실히 두는 것이 중요하다.

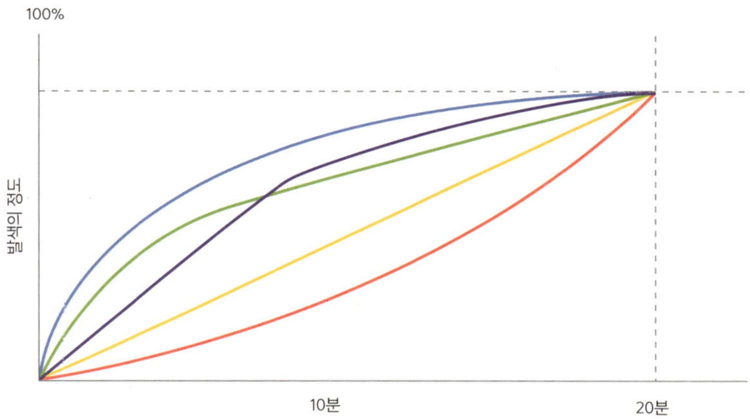

Coloring Technique II

컬러링 테크닉 II

1. 위빙 테크닉(Weaving Techinic)

1) 표현과 스타일에 맞추어 섹셔닝

◌ 트래드 패턴(11섹션)

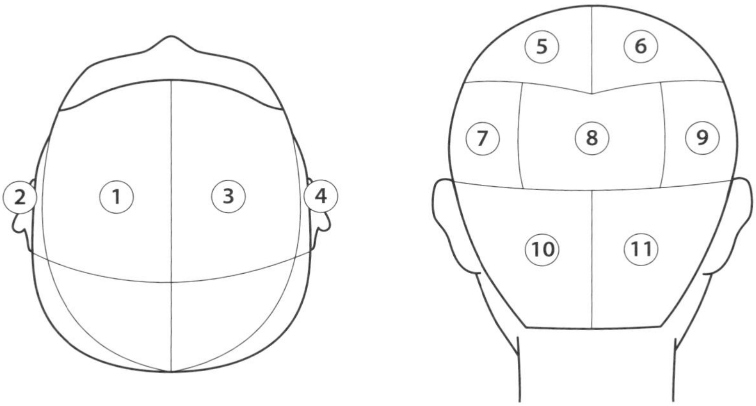

구분	특징
1~6 = 1/2 헤드	· 보브 등에 적당하다.
1~9 = 3/4 헤드	· 로우 레이어 등에 적당하다.
1~11 = full 헤드	· 하이 레이어 등에 적당하다.

◌ 다이아몬드 패턴(7섹션)

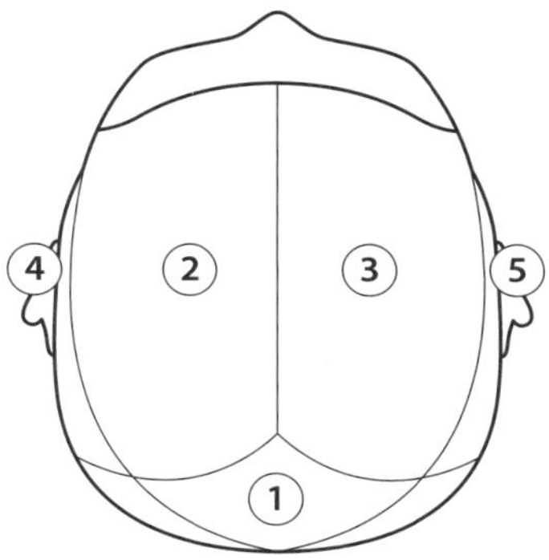

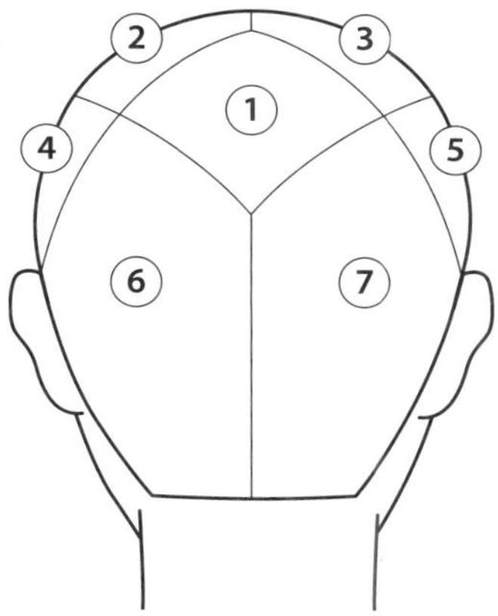

구분	특징
1~3 = Top 헤드	· 쇼트 등에 적당하다.
1~9 = half 헤드	· 보브 등에 적당하다.
1~11 = full 헤드	· 하이 레이어 등에 적당하다.

2) 호일링(Foiling)

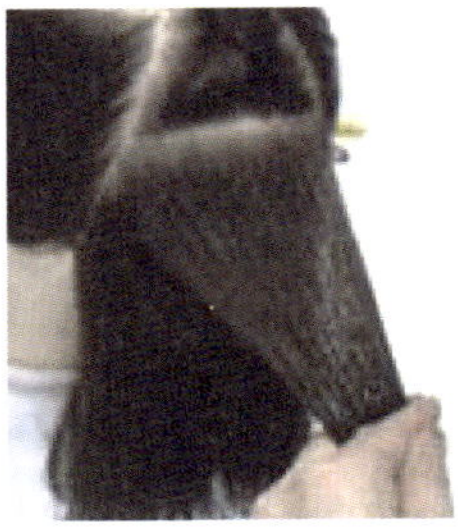

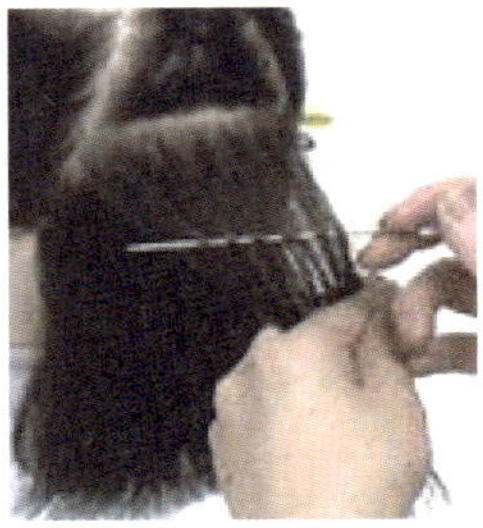

① 슬라이스를 일직선으로 잡는다.

② 뿌리 부분부터 스트랜드를 잡아 간다.

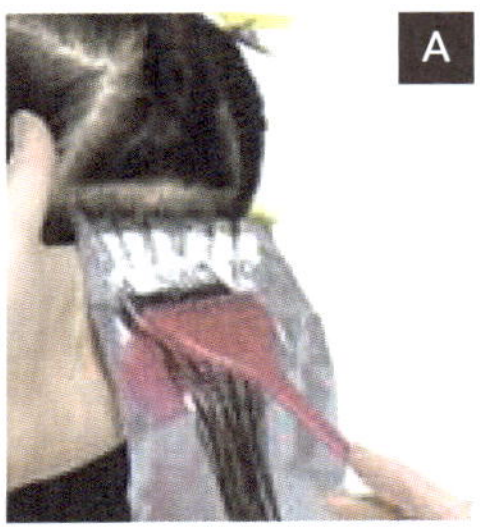

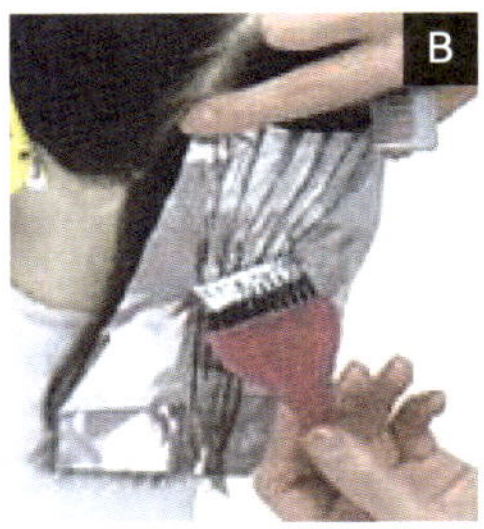

③ 호일을 대고 도포한다.

④ A 업 스탭으로 호일을 댄다. 탑 등 둥근 곳이 있는 부분에 댄다.

⑤ B 두피에 대고 다운으로 도포한다.(네이프와 다운 스템의 경우)

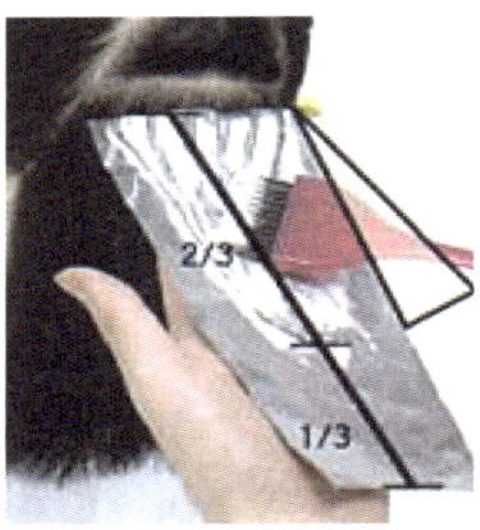

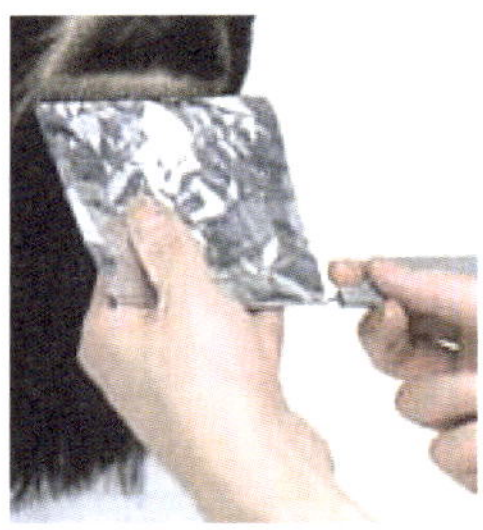

⑥ 도포는 호일의 2/3로 도포한다. 도포량은 모선으로 갈수록 많아지도록 한다.

⑦ 액이 흐르지 않도록 확실하게 반으로 접는다. 이때 너무 누르지 않도록 주의!

⑧ 좌 – 하 – 우 순서로 접는다.

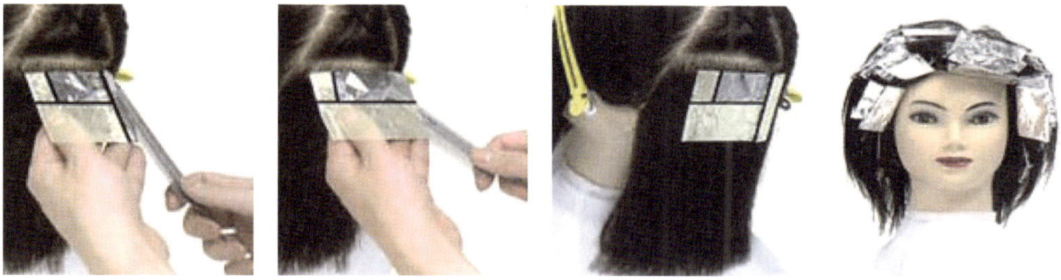

3) 섹션과 호일의 구성

원하는 효과와 스타일에 맞춰 섹셔닝과 구성을 바꾸어 간다.

(1) 트래드(Trad)

트래드 전체를 균일하게 표현하거나, 수정할 때 용이하다.
헤어 라인의 슬라이스는 3~4cm

◌ **구분 有**

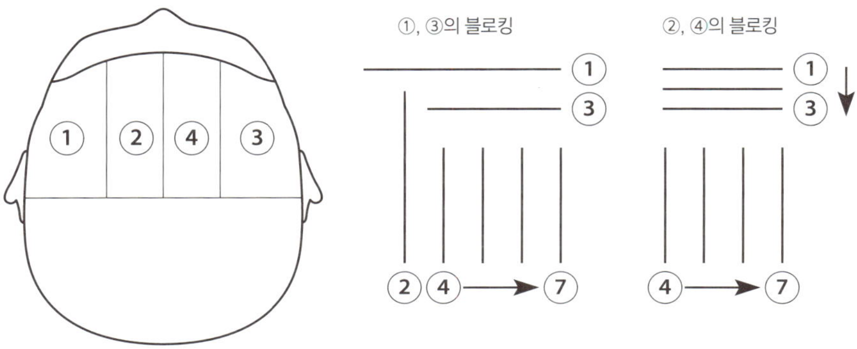

호일 완성 앞부분

호일 완성 뒷모습

마무리

◌ 구분 無

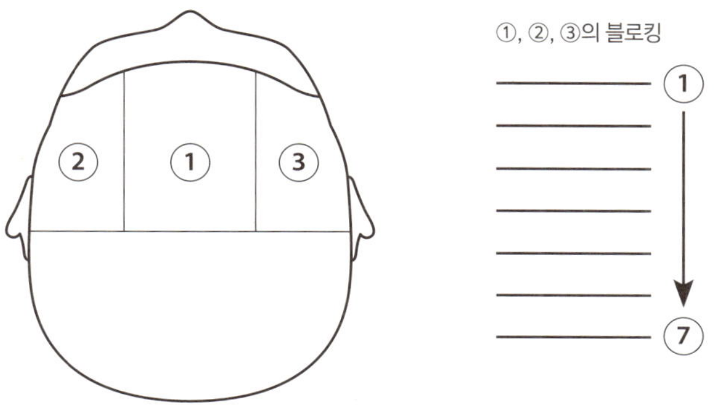

호일 완성 앞부분

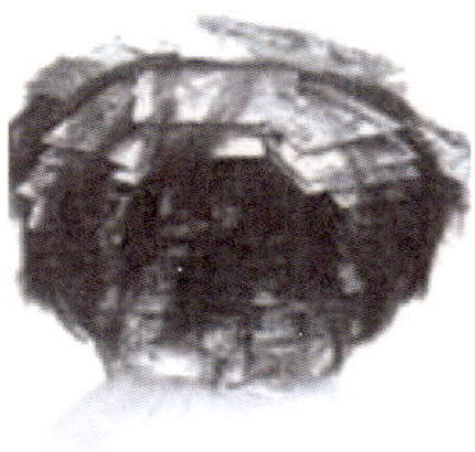

호일 완성 뒷모습

마무리

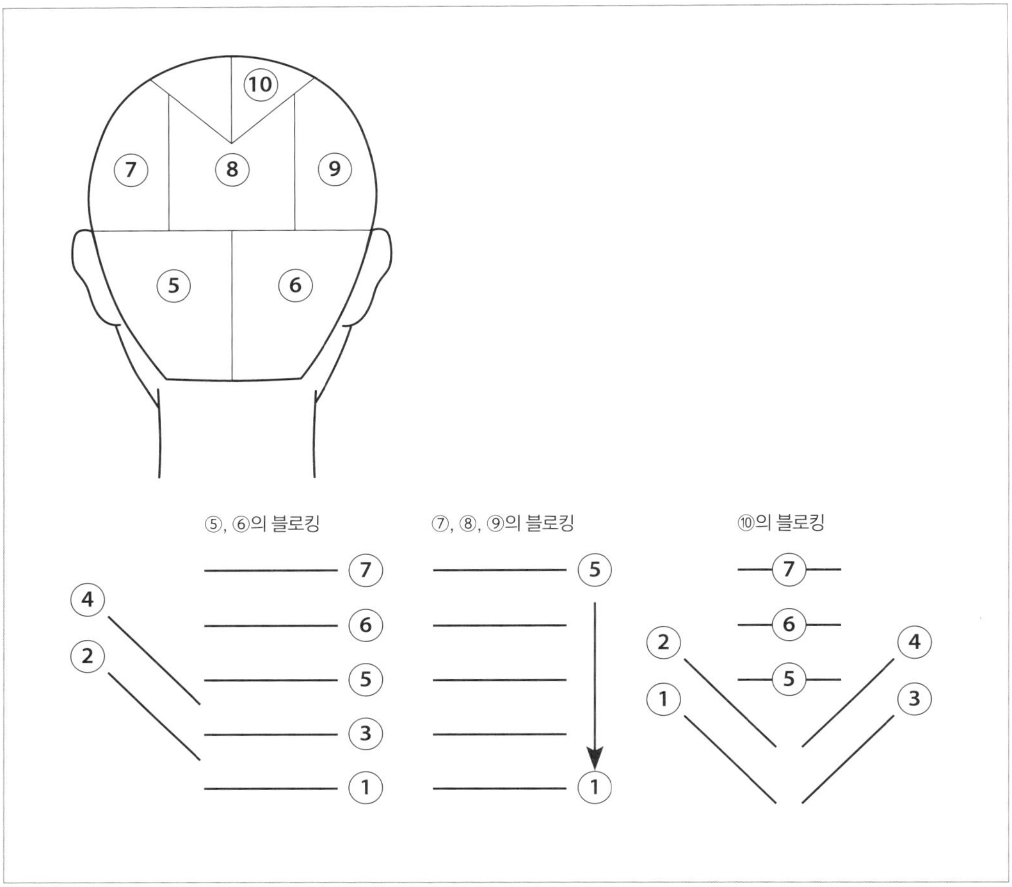
⑤, ⑥의 블로킹
⑦, ⑧, ⑨의 블로킹
⑩의 블로킹

(2) 다이아몬드(diamond)

전체의 흐름을 표현하거나 슬라이싱 등의 테크닉에 용이하다.

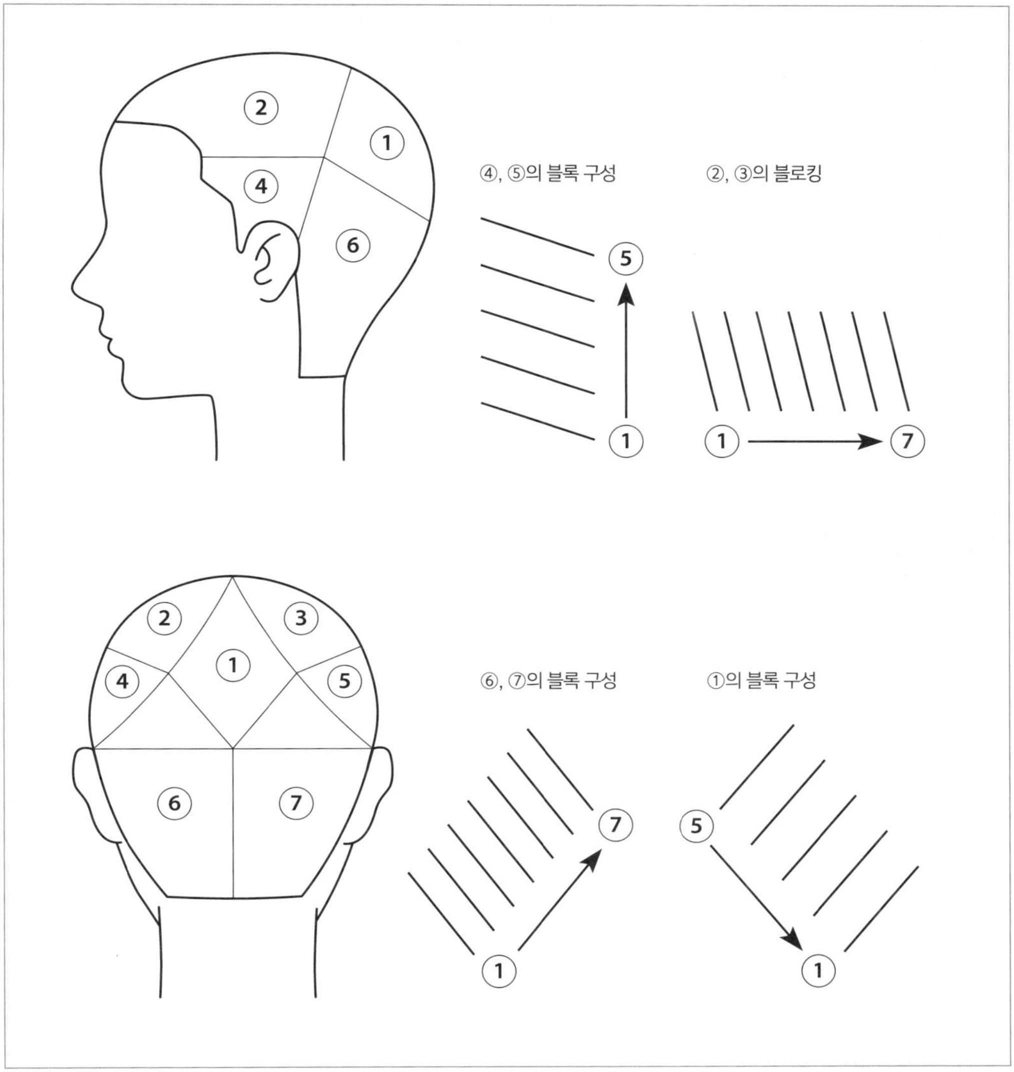

호일 완성 앞부분

호일 완성 뒷모습

마무리

섹션의 연결 부분의 모발을 얇게 남기고, 컬러링한 부분이 표면에 나타나지 않도록 한다.

2. 위빙의 표현과 효과

판넬의 구성과 슬라이스, 스트랜드 폭 등의 차이를 이해한다.

판넬의 효과

위빙은 잡는 스트랜드와 슬라이스 폭으로 보는 방법에 따라 효과가 달라진다. 특징을 이해하여 헤어 스타일과 사용 용도에 맞추어 구분 사용한다.

1) Brick Work

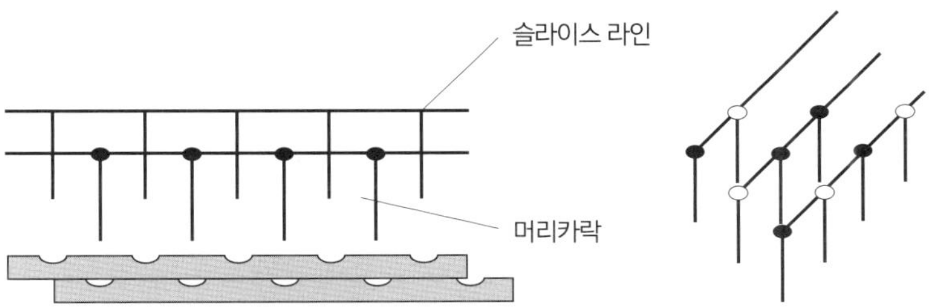

사선 슬라이스의 경우

그림과 같이 같은 위치에서 슬라이스를 잡음으로써 브릭 워크와 같은 효과를 얻을 수 있다.

기본적으로 2 슬라이스 1조로 생각하고 스트랜드를 잡는 위치를 옮기지 않음으로써 겹침을 방지하고, 전체적으로 부드러운 표현이 가능하다. 하이라이트(로우 라이트)를 크게 강조하지 않고 자연스럽게 마무리하고 싶을 때 사용한다.

2) 강조(Over Lap)

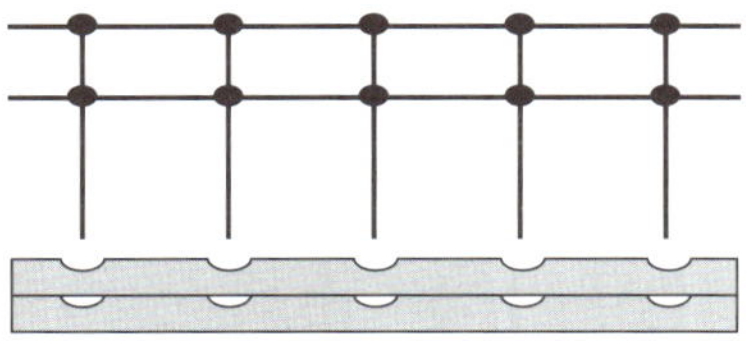

스트랜드를 같은 위치에서 잡아 간다. 스트랜드를 겹침으로써 하이 라이트(로우 라이트) 부분을 강조할 수 있다. 슬라이싱보다 조금 부드러운 표현이 가능하다.

3) 간격에 따른 차이

위빙은 잡는 피치(속도)와 슬라이스 폭으로 보이는 방법에 따라 효과가 바뀐다. 특징을 이해하여 헤어 스타일과 사용 용도에 맞추어 구분 사용한다.

(1) 블렌드(Blend)

섬세한 위빙(블렌드)

얼룩 수정에 용이하다. 솔리드 컬러에 가까운 표현이 가능하다.

(2) 내추럴(Natural)

일반적인 위빙(내추럴)

적당한 입체감을 표현할 수 있다. 자연스러운 흐름과 질감을 표현하기에 적합하다.

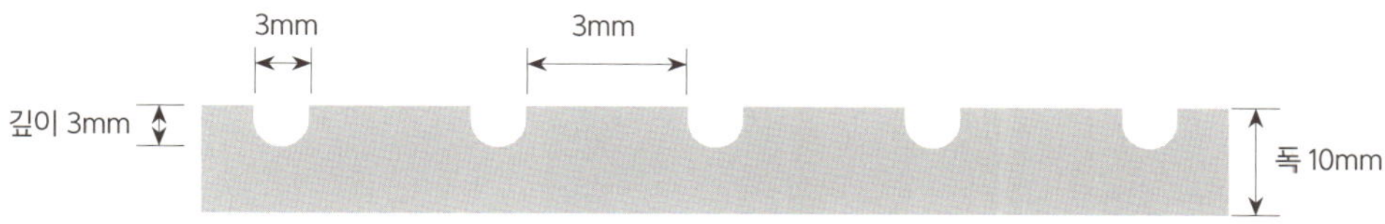

(3) 청크(Chunck)

강조한 위빙(청크)

강조하거나, 디자인성이 높은 표현에 적합하고, 로우 라이트에도 적합하다.

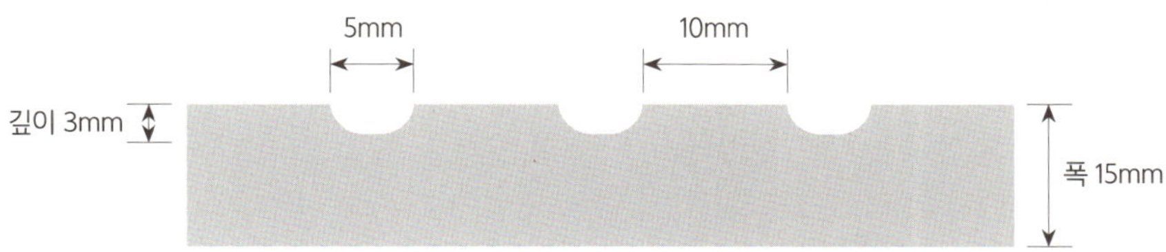

3. 기타 표현과 효과

1) 슬라이싱

슬라이스 전체에 컬러링을 하여, 선에서의 표현으로 구성하여 나아간다.
위빙으로부터 강조한 표현이 된다.

(1) 세로 슬라이스(Length Slice)

세로 라인을 강조하고 싶을 때

(2) 가로 슬라이스(Side Slice)

깊이와 두께를 표현하고 싶을 때

2) 프리 섹션

모발의 큰 흐름에 따라 움직임을 강조하고 싶은 경우, 액센트 컬러로서 또 스타일을 강조하고 싶을 때 등에 사용한다. 자유로운 감각으로 하이라이트를 표현하도록 한다.

(1) 타원형 섹션

타원 섹션을 잡아 줌으로써, 모류에 맞춘 하이라이트(로우 라이트)를 자연스럽게 표현할 수 있다. GP(골덴포인트)를 중심으로 머리의 둥근 모양을 따라 원형으로 섹셔닝한다.

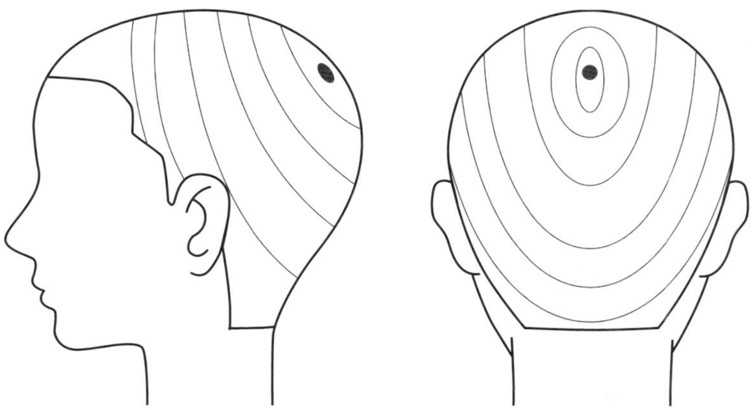

테크닉 포인트

뿌리 부분에 약제가 묻지 않도록 호일을 세 번 접는다.

스트랜드 바르는 법

뿌리 부분은 빗을 세워서 라인이 확실히 나오지 않도록 지그재그로 도포한다. 도포량은 모선 쪽이 많도록 한다.

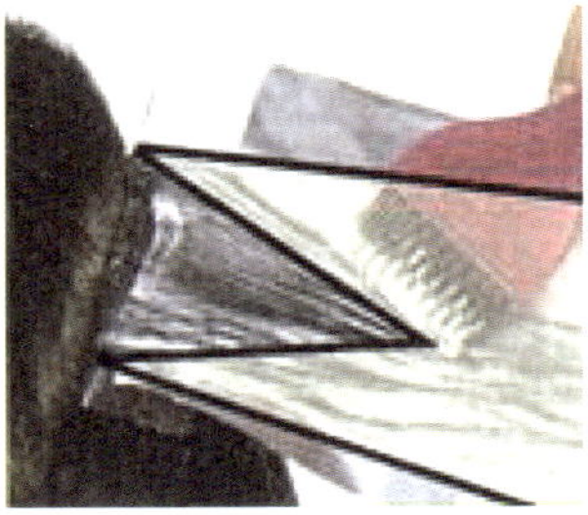

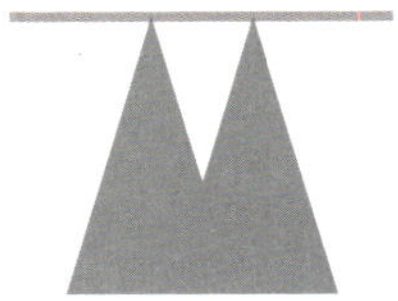

(2) 쉐그(Shag)

1cm 폭 정도를 기준으로 크게 잡는다. 모속의 흐름을 강조하거나, 모선에 움직임을 주는 표현이 가능하다. 일률적이지 않고 자연스러운 느낌이 나오도록 크기를 바꾸어가며 잡아 간다.

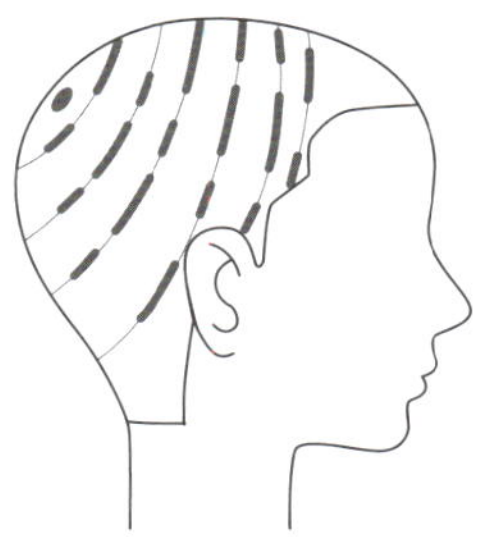

(3) 트라이앵글(Triangle)

모속을 삼각으로 잡는다. 삼각형의 베이스를 잡음으로써, 쉐이프의 방향에 따른 표현의 차이를 느낄 수 있다.

쉐이프에 따른 표현의 차이

뒤쪽으로 흐르도록 쉐이프한 경우

똑바로 쉐이프한 경우

삼각형의 베이스를 모발의 흐름에 맞추어 임의대로 잡아 간다.

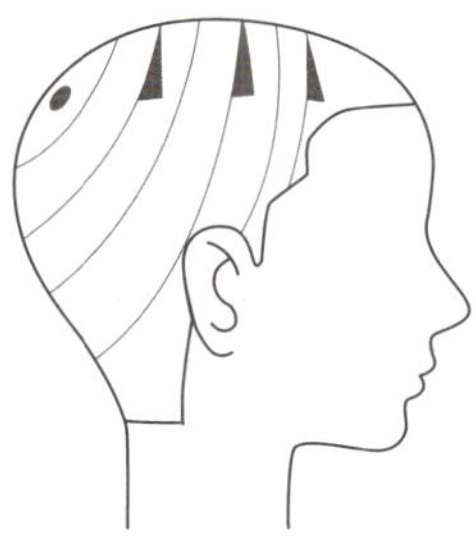

14

Gray Hair Cover Technique

흰머리 커버 테크닉

1. 흰머리 발생요인

1) 흰머리 발생요인

① 노화
② 유전
③ 질환
④ 과도한 음주와 흡연
⑤ 불규칙한 식생활
⑥ 스트레스
⑦ 영양부족, 다이어트

2. 흰머리 커버 염색 기법

1) 알칼리산화염모제를 이용한 흰머리 염색의 방법

(1) 기본염색

흰머리 %가 높을 때, 흰머리를 100% 커버하고자 할 때 하는 방법으로 무채색(Neutral) 계열로 염색한다(5/0, 3/0).

(2) 패션염색

커버와 반사빛을 동시에 연출하는 방법으로 무채색계열과 패션계열을 혼합하여 염색한다. 단 흰머리 양이 70%가 넘어가면 반사빛이 잘 보이지 않으므로 주의한다.(무채색 5/0 + 패션계열)

(3) 멋내기 염색

흰머리의 큐티클을 먼저 팽창시키는 원리

㉳ 1제를 먼저 도포, 산화제의 비율을 줄인다.

2) 중성컬러의 테크닉

중성염모제를 이용한 흰머리 염색의 방법

(1) 기본염색

다운시키고자 하는 레벨을 선택 후 도포한다.

- **장점 :** 산화제(3%)와 암모니아가 약하여 손상과 냄새 없이 선택한 색상을 시술할 수 있다.
- **단점 :** 밝은 색으로 염색되지 않기에 멋내기 염색을 할 수 없다.
- **색상 :** 6~8주 정도 지속된다.

3) 산성컬러의 테크닉

산성염모제를 이용한 흰머리 염색의 방법

(1) 헤어 왁스 컬러

내추럴 컬러의 강세

- **장점 :** 백모 커버율 최대치 보강, 암모니아가 없다.
- **단점 :** 물빠짐, 파마트러블 없음, 염색종류가 한정되어 있다. 4~6주 정도 지속된다. 밝은 색으로 변환되지 않는다.

(2) re-pigmentation과 pre-pigmentation

- re-pigmentation
  어두운 모발 : 밝은 색 → 어두운 색

- pre-pigmentation
  밝은 모발(흰머리) 또는 어두운 모발 : 선착법, 1제, 색소를 먼저 도포

- red, yellow의 믹스톤을 이용한 쉐이드 다운 pre-pigmentation(선착법)

– 밝은 모발에서 어두운 색상 시(1~5레벨) red 사용
– 어두운 모발에서 밝은 모발(6~10레벨) yellow 사용
  예) 12 – 5레벨 = 7cm(red)

red 믹스톤 7cm를 염색볼에 덜어내고 물과 1:10 비율로 혼합하여 분무기나 염색브러시를 이용하여 모발에 먼저 도포한다(선착).
10분 후에 드라이 등으로 건조한 다음 원하는 5레벨의 염모제를 도포한다.

참고문헌

1. 손지연 외 2인, 헤어컬러 베이직 인텐시브, 구민사, 2014.
2. 김주섭, 헤어 컬러링, 구민사, 2017.
3. 권태신, 헤어 컬러링(CREATIVE AND PRATICAL), 청구문화사, 2004.
4. 정태봉 외 4인, 모발 대전과, 한국모발과학협회, 2000.
5. 이의수, Coloring, 현문사, 2000.
6. 이미선, Hair Color Art, 현문사, 1999.
7. 김주섭 외 4인, 모발화장품학, 북카페, 2009.
8. 김주섭 외 2인, HAIR COLORING MATE, 리그라인, 2006.
9. 김영미 외 2인, CCC 헤어컬러디자인, 청구문화사, 2011.
10. 박은준 외 2인, 어드밴스 헤어컬러링, 메디시언, 2018.
11. 임대진, 염모제 성분변화를 통한 모발 손상 저감화에 대한 연구, 건국대학교 대학원 박사학위논문, 2016.
12. 양수경, 염모제의 공기 중 노출 시간에 따른 모발 염색의 특성 연구, 광주여자대학교 석사학위논문, 2007.
13. 이은영, 영구염모제의 pH 조정에 따른 모발의 조직구조 변화연구, 중앙대학교 석사학위논문, 2006.
14. 최원화, 산화염색과 천연염색이 모발에 미치는 영향, 대전대학교 석사학위논문, 2008.
15. 이인호, 모발 염색용 산화염료의 Kinetics 및 염색 특성 연구, 충남대학교 석사학위논문, 2004.
16. (주)르벨코스메틱
17. 식품의약품안전평가원